Easy Cook
食在家常

滋味小炒

甘智荣　主编

U0232240

江苏凤凰科学技术出版社

图书在版编目（CIP）数据

滋味小炒 / 甘智荣主编 . -- 南京 : 江苏凤凰科学
技术出版社 , 2018.7
ISBN 978-7-5537-8419-9

Ⅰ . ①滋⋯ Ⅱ . ①甘⋯ Ⅲ . ①炒菜 – 菜谱 Ⅳ .
① TS972.12

中国版本图书馆 CIP 数据核字 (2017) 第 136792 号

滋味小炒

主 编	甘智荣	
责 任 编 辑	倪 敏	
责 任 监 制	曹叶平	方 晨

出 版 发 行	江苏凤凰科学技术出版社	
出 版 社 地 址	南京市湖南路 1 号 A 楼，邮编：210009	
出 版 社 网 址	http://www.pspress.cn	
印 刷	北京旭丰源印刷技术有限公司	

开 本	718 mm × 1000 mm　1/16	
印 张	13	
字 数	177 000	
版 次	2018 年 7 月第 1 版	
印 次	2021 年 11 月第 2 次印刷	

标 准 书 号	ISBN 978-7-5537-8419-9
定 价	39.80 元

图书如有印装质量问题，可随时向我社出版科调换。

吃得有味，活得开心

食物是人们生活中必不可少的一部分，而美味的食物则是送给吃货们最好的奖赏。没有山珍海味，无须耗费太多心思和精力，却一样可以吃得有滋有味，若春风拂面，这就是小炒的力量。

现在已很难去追溯小炒命名的源头了，也许正是为了区别那些动辄大鱼大肉、费时费工的大菜而横空出世的。它的选料极尽平凡，一棵菜、一块肉或是一条鱼，烹制简单、方便，既能满足人们的口腹之欲，又不失滋味与情趣。

炒是烹饪中被运用得最为广泛、最为频繁的技法之一，人们以油为主要导热体，将小型原料用中旺火在较短的时间内加热成熟、调味成菜，具体又分为生炒、熟炒、滑炒、清炒、抓炒、软炒、焦炒、煸炒等。部分极具特色的小炒往往会成为经典家常菜中的经典，成为厨房菜鸟练习烹饪时的首选，自然也是资深老饕们最为拿手的招牌菜。它们通常具有以下一种或几种特征：

一是烹饪时间短。常常以急火快成，易学易做，对于那些初入门的烹饪者或不想耗费太多时间、精力的人来说，小炒非常适合。

二是汤汁少，口味以鲜嫩为多。借助火力让食材快速成熟、入味，能较好地保留其固有的鲜味与口感，滋味十足。

三是营养健康，因时、因地而作。小炒的做法虽简单，但在营养搭配上绝不含糊，以多种食材搭配烹炒时，更强调口味、口感上的交融与丰富；选材上也更倾向于当季、当地的新鲜食材，以确保其风味上的突出。

在这本书中，我们将为你介绍众多风味小炒的烹饪方法与实用技巧，涉及素菜类、畜肉类、禽蛋类、水产海鲜类四大类别的食材，结合大量的烹饪演示实图和步骤讲解，让你轻松学会，并获得极佳的滋味与口感。同时，书中也收入了一些烹饪技巧、妙招及养生常识，以帮助你更加系统地了解厨房烹饪、拓宽知识面。滋味小炒更符合绝大多数人对自己生活品质的定位与期望，它小巧却不失精致，平凡却贴近生活。亲自下厨做一道有滋有味的小菜来犒劳自己，吃得有味，活得开心，夫复何求？

阅读导航

菜式名称

每一道菜式都有着它的名字，我们将菜式名称放置在这里，以便于你在阅读时能一眼就找到它。

辅助信息

这里标记着这道菜的烹饪时间、口味、营养功效及适用人群。

冬笋炒四季豆

⏱ 5分钟　　🍴 开胃消食
🍃 清淡　　　🩺 糖尿病患者

冬笋是一种高蛋白、低淀粉食品，对肥胖症、高血压等有一定的食疗作用。它所含的多糖物质，具有一定的抗癌作用。四季豆富含蛋白质和多种氨基酸，常食可健脾胃、增进食欲。冬笋炒四季豆可谓是一道来自大自然的天然美味，清新怡然，让人迷醉。

材料		调料	
冬笋	100克	料酒	5毫升
四季豆	150克	盐	3克
红椒	15克	味精	1克
姜片	5克	水淀粉	适量
蒜末	5克	食用油	适量
葱段	5克		

美食故事

没有故事的菜是不完整的，我们将这道菜的所选食材、产地、调味以及相关的历史、地理等留在这里，用最真实的文字和体验告诉你这道菜的魅力所在。

材料与调料

在这里，你能查找到烹制这道菜所需的所有配料名称、用量以及它们最初的样子。

菜品实图

这里将如实地为你呈现一道菜烹制完成后的最终形态，菜的样式是否悦目，是否会勾起你的食欲，你的眼睛不会说谎。此外，你也可以通过对照图片来检验自己动手烹制的菜品是否符合规范和要求。

56 滋味小炒

步骤演示

你将看到烹制整道菜的全程实图及具体操作每一步的文字要点，它将引导你将最初的食材烹制成美味的食物，完整无遗漏，文字讲解更实用、更简练。

食材处理

❶ 将洗净的冬笋切成条。

❷洗净的四季豆切段。

❸洗净的红椒切成片。

做法演示

❶ 油锅烧热后倒入四季豆，滑炒1分钟。

❷ 用漏勺捞出，沥干油备用。

❸ 锅底留油，倒入蒜末、姜片、葱段炒香。

❹ 倒入冬笋炒炒匀。

❺ 加入四季豆和红椒。

❻ 倒少许清水，淋入料酒。

❼ 加盐、味精炒入味。

❽ 加入水淀粉勾芡，炒匀。

❾ 盛入盘中即可。

小贴士

✿ 烹调前应将豆筋摘除，否则既影响口感，又不易消化。

✿ 烹煮时间宜长不宜短，要保证四季豆熟透，否则会发生中毒。

食物相宜

保护眼睛、抗衰老

四季豆

＋

香菇

促进骨骼的成长

四季豆

＋

花椒

养生常识

★ 妇女多白带者、皮肤瘙痒者、急性胃肠炎患者尤其适合食用四季豆。

★ 癌症患者、食欲不振者宜食用四季豆。

★ 腹胀者不宜多食四季豆。

食物相宜

结合实图为你列举这道菜中的某些食材与其他哪些食材搭配效果更好，以及它们搭配所具有的营养功效。

小贴士 & 养生常识

在烹制菜肴的过程中，一些烹饪上的技术要点能帮助你一次就上手，一气呵成零失败，细数烹饪实战小窍门，绝不留私。此外，了解必要的养生常识，也能让你的饮食生活更合理、更健康。

第1章
营养美味小炒菜

Contents | 目录

第2章
素菜类：清爽好滋味

第3章
畜肉类：浓香超美味

第4章
禽蛋类：软滑好味道

第5章
水产海鲜类：香嫩真鲜美

附录1

附录2

第1章

营养美味 小炒菜

　　厨房里的烹饪绝活有很多，但练就一身"炒"功就完全可以一招鲜、吃遍天。炒菜在宴席中的出场率极高，又可细分为众多炒法，各具特色，其中不乏快手菜，可以在数分钟内出锅上桌。本章将带你了解有关炒菜的小知识，以及一些炒蔬菜、肉类、水产海鲜的诀窍，帮助你炒出美味、炒出特色。

炒的分类

炒是人们日常生活中应用最广泛的一种烹调方法，直接用大火、热锅、热油翻炒食材成熟即可。炒又分为生炒、熟炒、软炒、煸炒等。

生炒

又称火边炒，以不挂糊的原料为主。先将主料放入沸油锅中，炒至五六成熟，再放入配料（配料易熟的可迟放，不易熟的与主料一齐放入），然后加入调味料，迅速颠翻几下，断生即好。这种炒法，汤汁很少，清爽脆嫩。如果原料的块形较大，可在烹制时兑入少量汤汁，翻炒几下，使原料炒透，即可出锅。汤汁须在原料本身的水分炒干后再放，才能入味。

熟炒

熟炒一般先将大块的原料加工成半熟或全熟（煮、烧、蒸或炸熟等），然后改刀成片、块等，放入沸油锅内略炒，再依次加入辅料、调味品和少许汤汁，翻炒几下即成。熟炒的原料大都不挂糊，起锅时一般用水淀粉勾成薄芡，也有用豆瓣酱、甜面酱等调料烹制而不再勾芡的。熟炒菜的特点是略带卤汁、酥脆入味。

软炒

又称滑炒。先将主料出骨，经调味品拌脆，再用蛋清淀粉上浆，放入五六成热的温油锅中，边炒边使油温增加，炒到油约九成热时出锅；再炒配料，待配料快熟时，投入主料同炒几下，加些卤汁，勾薄芡起锅。软炒菜肴非常嫩滑，但应注意在主料下锅后，必须使主料散开，以防止主料挂糊粘连成块。

煸炒

煸炒是将不挂糊的小型原料，经调味品拌腌后，放入八成热的油锅中迅速翻炒，炒到外面焦黄时，再加配料及调味品同炒几下，待全部卤汁被主料吸收后，即可出锅。煸炒菜肴的一般特点是干香、酥脆、略带麻辣。

家常小炒基础常识

炒就是以食用油和锅为主要导热体，将原料用中火、大火在较短时间内加热至熟的一种烹调方法。炒的原料一般都选择鲜嫩易熟的，食材较大的都需要预先加工成片、丝、丁等形状，这是使原料在短时间内成熟的先决条件。但在炒菜过程中应掌握以下关键因素。

热锅冷油

许多人炒菜都是锅里先倒入油，等油微微冒烟时再下菜，这样炒菜不仅油烟多，容易煳锅，食材的营养物质也会损失不少。我们不妨试试热锅冷油的炒菜方式。

锅烧热时倒入冷油，可以适当降低锅的温度。油入锅后马上倒入食材，当油温低于180℃的时候，油中的营养物质是不会损失的。一旦超过180℃，一系列变化就发生了：首先是其中的不饱和脂肪酸被破坏，同时，维生素E为了保护不饱和脂肪酸，也"牺牲"了自己，被氧化殆尽。

原料排队

一道菜中一般都有几种原料，如有肉、青菜，这时应先炒一下肉丝捞出，再炒青菜，然后再重新倒入肉丝，原料下锅的顺序要有讲究。

顺序调味

每家的厨房都有盐、糖、酱油、醋、料酒等基本调料。做不同的菜，放调料的顺序和种类是不一样的。只有把握好放调料的最佳时间，才能做出色香味俱全的菜肴。

盐：为了减少蔬菜中维生素的损失，一般应在菜炒好后再放盐。想要肉类炒得嫩，在炒至八成熟时放盐最好。在炖鱼、炖肉时，最好是出锅前的10～15分钟放盐，因为盐能使蛋白质凝固，有碍鲜味的生成。

糖：如果以糖着色，等油锅热后放糖，待炒至紫红色时再放入主料；如果只是以糖为调料，在炒菜过程中放入即可。在烹调糖醋类菜肴时，应先放糖，后放盐，否则会造成外甜里淡，影响口感。

醋：炒素菜时，原料入锅后马上加醋，既可保护原料中的维生素，又能软化蔬菜中的纤维；炒肉类时，原料入锅后加一次醋，可以去除腥味，等菜临出锅前再加一次，可起到解腻的作用。

料酒：大块的鱼、肉，应在烹调前先用料酒浸一下，以除去异味；炒肉丝要在肉丝煸炒后加料酒；虾仁最好在炒熟后加料酒。

酱油：炒菜时，高温久煮会破坏酱油的营养成分，并失去鲜味，因此要在即将出锅前放酱油。炒肉片时，为了使肉鲜嫩，也可将肉片先用淀粉和酱油腌渍一下再炒，这样就不会损失蛋白质，炒出来的肉也更嫩滑。

巧炒蔬菜

蔬菜在烹调过程中，流失营养素是不可避免的，但是如果掌握一些技巧，就可以保存更多的营养素。

蔬菜买回家后不要马上择洗

人们习惯把蔬菜买回来后就马上择洗。然而，卷心菜的外叶、莴笋的嫩叶、毛豆的豆荚都是活的，它们仍在向食用部分如叶球、笋、豆粒运输营养物质，保留它们有利于保存蔬菜的营养物质。若择洗以后，营养容易损失，菜的品质也就随之下降。因此，不打算马上炒的蔬菜不要立即择洗。

蔬菜不要先切后洗

对于很多蔬菜，人们习惯先切后洗，其实这样做并不妥。因为这样就加速了营养素的氧化和可溶性物质的流失，使蔬菜的营养价值降低。

正确的做法：处理叶类蔬菜时，应先把叶片摘下来清洗干净后，再用刀切成片、丝或块，随即下锅。至于花菜，洗净后，只要用手将一个个绒球肉质花梗团掰开即可，不必用刀切，因为刀切时，肉质花梗团会被弄得粉碎而不成形；肥大的主花茎需要用刀切开。

炒菜时要用大火快炒

炒菜时先熬油已经成为很多人的习惯了，要么不烧油锅，一烧油锅必然弄得油烟弥漫。实际上，这样做是有害的。

炒菜时，最好将油温控制在 200℃以下，使蔬菜入油锅时无爆炸声，避免脂肪变性而降低营养价值，甚至产生有害物质。炒菜时用大火快炒，菜的营养素损失少，炒的时间越长，营养素损失的就越多。

蔬菜勾芡也有讲究

炒菜时经常用淀粉勾芡，能使汤汁浓稠，而且淀粉糊包裹着蔬菜，有保护维生素 C 的作用。因为原料表面裹上一层淀粉，可避免与热油直接接触，所以减少了蛋白质变性和维生素的损失。

蔬菜常用的是玻璃芡，也就是水要多一些，淀粉少一些，而且要用淋芡的方法，这样就不会太厚。

如何炒青菜

炒冷冻青菜前不用化冻，可直接放进烧热的油锅里，这样炒出来的菜更可口，维生素损失也少得多。

切青菜最好用不锈钢刀，因为维生素 C 最忌接触铁器。菜下锅以前，用开水焯一下，可除去苦味。炒熟的青菜不能放太长时间，因为 3 小时后，青菜的维生素 C 几乎会全部被破坏。

炒青菜时，应用开水点菜，这样炒出来的菜才鲜嫩；若用一般水点菜，会影响其爽脆度。

炒菜放盐的注意事项

如果用动物油炒菜，最好在放菜前下盐，这样可减少动物油中有机氯的残余量，对人体有利。如果用花生油炒菜，必须在放菜前下盐，因为花生油中可能含有黄曲霉素，而盐中的碘化物，可以除去这种有害物质。

为了使炒出来的菜更加可口，开始应少放些盐，菜炒熟后再调味。如果用豆油、茶油或菜油炒，则应先放菜后下盐，这样可以减少蔬菜中营养成分的损失。做肉类菜肴时，炒至八成熟时放盐最好。

哪些蔬菜在炒之前要简单处理

白萝卜、苦瓜等带有苦涩味的蔬菜，切好之后加盐腌渍一下，滤出汁水后再炒，苦涩的味道会明显减少。菠菜在开水中焯烫后再炒，可去苦涩味和草酸。

黄花菜中含有秋水仙碱，进入人体内会被氧化成二秋水仙碱，有剧毒。因此，黄花菜要用开水烫后浸泡，除去汁水，彻底炒熟才能吃。

肉类巧炒、巧吃

肉类营养丰富，味道鲜美，与不同的食材搭配烹饪有不同的养生效果。如何使肉类的营养价值得到最大限度发挥，也是烹饪时需要特别注意的。

不加蒜，营养减半

瘦肉含有丰富的维生素 B_1，但维生素 B_1 并不稳定，在体内停留的时间较短，会随尿液大量排出。而大蒜中含特有的蒜氨酸和蒜酶，二者接触后会产生蒜素，肉中的维生素 B_1 和蒜素结合就会生成稳定的蒜硫胺素，从而提高了肉中维生素 B_1 的含量。此外，蒜硫胺素还能延长维生素 B_1 在人体内的停留时间，提高其在胃肠道的吸收率和在体内的利用率。因此，炒肉时加一点蒜，既可解腥去异味，又能达到事半功倍的营养效果。

需要注意的是，蒜素遇热会很快失去作用，因此只可大火快炒，以免有效成分被破坏。

另外，大蒜并不是吃得越多越好，每天吃一瓣生蒜（约 5 克重）或是两三瓣熟蒜即可，多吃也无益。因为大蒜辛温、生热，食用过多会引起肝阴、肾阴不足，从而出现口干、视力下降等症状。

猪肝宜与洋葱搭配

从食物的作用来看，洋葱性平味甘，有解毒化痰、清热利尿的作用，并含有蔬菜中极少见的前列腺素。洋葱不仅甜润嫩滑，而且含有维生素 B_1、维生素 B_2、维生素 C 和钙、铁、磷及膳食纤维等营养成分，特别是其中的芦丁成分，具有强化血管的作用。

在日常膳食中，人们经常把洋葱与猪肉一起烹调，这是因为洋葱具有防止动脉硬化和使血栓溶解的作用。同时，洋葱所含的活性成分能和猪肉中的蛋白质结合，产生令人愉悦的气味。洋葱和猪肉同炒，是理想的酸碱食物搭配，可为人体提供丰富的营养成分，具有滋阴润燥的作用。

洋葱配以补肝明目、补益气血的猪肝，可为人体提供丰富的蛋白质、维生素 A 等多种营养物质，具有补虚损的作用，适合于治疗夜盲症、眼花、视力减退、水肿、面色萎黄、贫血、体虚乏力、营养不良等病症。

肉块要切得大些

肉类含有可溶于水的含氮物质，炖猪肉时释出越多，肉汤味道就越浓，肉块的香味则会相对减淡，因此炖肉的肉块切得要适当大些，以减少肉内含氮物质的外溢，这样肉味可比小块肉鲜美。另外，不要用大火猛煮：一是肉块遇到急剧的高热时肌纤维会变硬，肉块就不易煮烂；二是肉中的芳香物质会随猛煮时的水汽蒸发掉，使香味减少。

肉类焖制营养最高

肉类食物在烹调过程中，某些营养物质会遭到破坏。采用不同的烹调方法，其营养损失的程度也有所不同。如蛋白质，在炸的过程中损失可达 8% ~ 12%，煮和焖则损耗较少；B 族维生素在炸的过程中损失 45%，煮为 42%，焖为 30%。由此可见，肉类在烹调过程中，焖制损失营养最少。另外，如果把肉剁成肉泥，与面粉等做成丸子或肉饼，其营养损失要比直接炸和煮减少一半。

肉类的每日最佳食用量

按照合理的饮食标准，成年人每天平均需要动物蛋白质 44 ~ 45 克。这些蛋白质除了从肉类中摄取外，还可以通过牛奶、蛋类等补充。成年人每天最好在午餐时吃一次肉菜，食用量以 200 克左右为宜，再在早餐或晚餐时补充点鸡蛋和牛奶，就完全可以满足身体一天对动物蛋白的需要了。

晚餐不宜过多进食肉类食物

晚餐过多进食肉类食物，不但会增加胃肠负担，而且会使体内的血压猛然上升，同时人在睡觉时血液运行速度大大减慢，大量血脂就会沉积在血管壁上，从而引起动脉粥样硬化，易患高血压。据科学实验证明，晚餐经常进食荤食的人比经常进食素食的人血脂一般要高 2 ~ 3 倍，而患高血压、肥胖症的人如果晚餐爱吃荤食，害处就更多了。

巧炒水产海鲜

水产类食物不仅肉质细嫩，而且营养丰富，容易消化吸收，但要烹制得当才能色香味俱全。

水产与葱同炒

水产腥味较重，炒制时，葱几乎是不可或缺的。一般家庭常用的有大葱、青葱，其辛辣香味较重，应用较广，既可作辅料，又可作调味料。把它切成丝、末，增鲜之余，还可起到杀菌、消毒的作用；切段或切成其他形状，经油炸后与主料同炒，葱香味与主料的鲜味融为一体，十分诱人。青葱经过煸炒后，能更加突出葱的香味，是炒制水产时不可缺少的调味料。较嫩的青葱又称香葱，经沸油炸过后，香味扑鼻，色泽青翠，多用来撒在成菜上。

炒鳝鱼的诀窍

鳝鱼肉嫩味鲜，营养价值甚高。鳝鱼中含有丰富的 DHA 和卵磷脂，它是构成人体各器官组织细胞膜的主要成分，而且是脑细胞不可缺少的营养成分。

炒鳝片或炒鳝丝的时候，要用淀粉上浆。但经常会发生浆液脱落的现象，影响烹调质量。这是因为人们习惯在调浆时加盐，而盐会使鳝鱼的肉质收缩，渗出水分，这样就容易导致浆液在油锅中脱落。

因此，炒鳝鱼时上浆不必加盐。

巧炒鲜贝

鲜贝又称带子，其特点是鲜嫩可口，但若炒不得法，却又很容易老，一般饭店多采用上浆油炒，效果未必理想。其实可以将带子洗净后，用专用纸吸干水分，放少许盐、蛋清及适量干淀粉拌和上浆，放入冰箱里静置1小时。然后将水烧开，水量要充足，把带子分散下锅，汆熟即可捞出，沥去水分备用。炒制时，勾芡后再放带子，稍加翻炒即成。这种做法使带子内部的水分损失少，吃起来更嫩滑。

水产与姜同炒

为了保证水产菜肴鲜美可口，烹饪时一定要将腥味除去。炒水产时加入少许姜，不但能去腥提鲜，而且还有开胃散寒、增进食欲、促进消化的作用。

姜块（片）在火工菜中起去腥的作用，而姜米则用来起香增鲜。还有一部分菜肴不便与姜同烹，又要去腥增香，用姜汁是比较适宜的。如鱼丸、虾丸，就是用姜汁去腥味的。

炒水产时烹入料酒

炒制水产时，一般要使用一些料酒，这是因为酒能解腥生香。要使料酒的作用充分发挥，必须掌握合理的用酒时间。以炒虾仁为例，虾仁滑熟后，酒要先于其他调料入锅。绝大部分的炒菜、爆菜，料酒一喷入，立即爆出响声，并随之冒出一股水汽，这种用法是正确的。

烹制含脂肪较多的鱼类时加少许啤酒，有助于脂肪溶解，产生脂化反应，使菜肴香而不腻。

炒贝类时如何避免出水

贝类本身极富鲜味，炒制时千万不要再加味精，也不宜多放盐，以免鲜味流失。以炒花蛤为例，烹饪前应将其放入淡盐水里浸泡，滴一两滴食用油，让花蛤吐尽泥沙。炒花蛤前最好先汆水，这样炒出来就不会有很多汤水了，也比较容易入味。汆水的时候应注意，花蛤张开口就要马上捞出来，煮太久肉会收缩变老。花蛤下锅炒时动作要快，迅速翻炒匀就可以出锅了，炒久了肉会变老，影响口感。

第2章

素菜类：
清爽好滋味

　　萝卜白菜，各有所爱。每个人都有着自己格外中意的新鲜蔬菜，虽然它们的上市时间各不相同，但如今这已不能成为嘴馋之人的阻碍。对其加以简单的烹饪，清清爽爽的感觉便在唇齿间游荡。瓜有瓜香，豆有豆味，让你一不小心就会爱上它。

辣炒包菜

🕐 4分钟　　✂ 开胃消食

⚖ 辣　　　　😊 一般人群

　　包菜是很家常的食材，一年四季都有，口感脆嫩，维生素含量高，具有抗氧化和抗衰老的作用。包菜切丝，加干辣椒、豆瓣酱同炒，色泽红艳，味道香辣，口感爽脆，低油低脂，非常下饭。可以说，辣炒包菜是一道营养丰富、食疗价值高、老少皆宜的健康菜。

材料		调料	
包菜	300 克	豆瓣酱	适量
青椒	15 克	盐	2 克
红椒	15 克	味精	1 克
干辣椒	5 克	水淀粉	适量
蒜末	5 克	食用油	适量

食材处理

❶ 将洗净的包菜切成丝。

❷ 将洗净的青椒切成细丝。

❸ 将洗净的红椒也切成丝。

做法演示

❶ 用油起锅，先放入蒜末。

❷ 放入干辣椒。

❸ 放入青椒丝、红椒丝炒香。

❹ 倒入包菜丝。

❺ 放入豆瓣酱。

❻ 加盐、味精翻炒至熟并入味。

❼ 加水淀粉勾芡。

❽ 淋入熟油，盛出即成。

养生常识

★ 包菜能够促进人体新陈代谢，具有清肝的作用。

★ 包菜富含维生素 U，对胃溃疡有很好的治疗作用。

★ 包菜具有美容的作用，能防止皮肤色素沉积，减少青年人雀斑，延缓老年斑出现。

★ 包菜富含叶酸，孕妇、贫血患者多吃些包菜对身体大有裨益。

食物相宜

补充营养，通便

包菜

＋

猪肉

健胃补脑

包菜

＋

黑木耳

益气生津

包菜

＋

西红柿

蒜蓉菜心

🕐 2分钟　　✖ 清热解毒
🗂 清淡　　　😊 儿童

　　新鲜的食材只需要简单烹炒和调味，便可将最本真的味道激发出来，传递给味蕾，让你胃口大开。只需将菜心焯水，蒜蓉爆香，入锅同炒，调味、勾芡即可出锅。成菜色泽碧绿，清淡营养，脆嫩爽口，浓浓的蒜香直击味蕾，绝对是餐桌上最受欢迎的快手家常菜。

材料		调料	
菜心	400克	盐	2克
蒜蓉	15克	水淀粉	10毫升
		味精	3克
		白糖	3克
		料酒	5毫升
		食用油	适量

 ❶ 将洗净的菜心修整齐。

 ❷ 锅中加水烧开，加入食用油、盐，放入菜心。

 ❸ 焯至断生后捞出。

 ❹ 另起锅，注入适量食用油，烧热后倒入蒜蓉爆香。

 ❺ 倒入菜心，炒匀。

 ❻ 加入盐、味精、白糖、料酒炒匀调味。

 ❼ 倒入少许水淀粉。

 ❽ 拌炒均匀使其充分入味。

 ❾ 将炒好的菜心盛出装盘，浇上原汤汁即可食用。

小贴士

☺ 有的菜心看起来鲜绿，但菜梗里已经空心，这样的菜心有些老了。鲜嫩的菜心一掐就断，如果老了，就不好掐断。

☺ 选购菜心，还可用手掂量，质量较重的为嫩菜，纤维少，水分足。

☺ 菜心宜用大火爆炒，加入蒜蓉炒制，可以增加菜心的鲜味。

养生常识

★ 菜心性辛、凉，味甘，麻疹患者康复后，疮疥、目疾患者，脾胃虚寒者不宜食用。

★ 菜心含粗纤维、维生素 C 和胡萝卜素，能够刺激肠胃蠕动，对护肤和养颜也有一定的作用。

★ 菜心含吲哚三甲醇等对人体有保健作用的物质，有利于通利肠胃。

★ 菜心营养丰富，具有清热解毒、杀菌、降血脂的作用，适量多吃可以增强机体免疫力。

促进新陈代谢

菜心

豆皮

增强免疫力，促进消化

菜心

鸡肉

增强体质

菜心

猪肉

清炒土豆丝

🕐 2分钟   ✖ 开胃消食

🔺 清淡   😊 一般人群

　　土豆是我们再熟悉不过的食材了，营养丰富，堪称营养最全面的食物之一。土豆最家常的吃法非炒土豆丝莫属了。清炒土豆丝，主料是土豆丝，加入青椒丝、红椒丝搭配，丝丝相伴，色佳味鲜，吃起来清香爽口，既可以作为餐前的开胃小菜，也可以作为荤菜后的解腻菜。

材料		调料	
土豆	200克	盐	2克
青椒丝	20克	味精	1克
红椒丝	20克	蚝油	5毫升
		水淀粉	适量
		食用油	适量

❶ 将去皮洗净的土豆切薄片，再切成细丝。

❷ 将切好的土豆丝装入碗中，加少许清水浸泡片刻。

做法演示

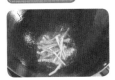

❶ 锅注油烧热，倒入青椒丝、红椒丝，爆炒片刻。

❷ 倒入切好的土豆丝。

❸ 拌炒约 1 分钟至熟透。

❹ 加入盐、蚝油和味精，快速炒匀，使其入味。

❺ 加入少许水淀粉勾芡，再淋入少许熟油，拌炒均匀。

❻ 起锅，将炒好的土豆丝盛入已装饰好黄瓜片、圣女果的盘中即可。

小贴士

- ☺ 皮色发青或发芽的土豆含有龙葵素，不能食用，否则可能会中毒。土豆切开后容易氧化变黑，属正常现象，不会造成危害。

- ☺ 把土豆放在开水中煮一下，然后再用手直接剥皮，就可很快将皮去掉，非常省力，而且烹调后，味道也更加甘美。

食物相宜

健脾开胃

土豆

辣椒

调理肠胃，可防治肠胃炎

土豆

豆角

青椒藕丝

🕐 2分钟　　✂ 开胃消食
🌶 辣　　　😊 一般人群

　　莲藕素以其清淡脆爽的口感而备受人们喜爱，切片、切丁、切丝炒均可，还可切块煲汤。青椒、藕丝同炒，这清爽的做法让莲藕的口味更上一层楼，清脆香甜，吃过之后，口中清香萦绕，让人欲罢不能。莲藕是健脾开胃的好食材，经常吃一些莲藕，对身体大有裨益。

材料		调料	
莲藕	200克	盐	2克
青椒	20克	味精	1克
红椒	10克	白糖	2克
蒜末	5克	白醋	适量
		水淀粉	适量
		食用油	适量

❶ 将洗净的莲藕切成丝。

❷ 倒入装有清水的碗中浸泡片刻。

❸ 将洗净的青椒、红椒切成丝备用。

❹ 锅中注入适量清水烧开，加少许白醋。

❺ 放入莲藕。

❻ 焯煮片刻后，捞出备用。

做法演示

❶ 另起锅，注油烧热，倒入蒜末煸香。

❷ 倒入莲藕丝，翻炒1分钟至熟。

❸ 加盐、味精、白糖炒匀调味。

❹ 倒入青椒丝、红椒丝。

❺ 拌炒至熟透。

❻ 淋上少许水淀粉。

❼ 拌炒均匀。

❽ 盛入盘内即可。

食物相宜

止呕

莲藕

+

生姜

健脾，开胃

莲藕

+

大米

养生常识

★ 莲藕含铁量较高，缺铁性贫血患者可适量多吃，对身体非常有好处。

★ 莲藕含丰富的单宁酸，具有收缩血管和止血的作用。对于尿血、便血的人以及孕妇、白血病患者比较适合。

黄瓜炒马蹄

⏱ 3分钟 ✖ 降压降糖
△ 清淡 ☺ 老年人

　　黄瓜炒马蹄是一道简单易学的家常菜，口感清脆，味道鲜美，老少皆宜又营养丰富。黄瓜、马蹄均是清脆爽口的食材，将二者分别焯水，合而为菜，清香爽脆，再加以胡萝卜点缀，红、白、绿相间，清新怡人。马蹄还有生津润肺、清热泻火、消食除胀的作用，适当食用有益身体健康。

材料		调料	
黄瓜	150克	盐	4克
马蹄肉	50克	蚝油	3毫升
胡萝卜	70克	鸡精	2克
姜片	5克	水淀粉	适量
蒜末	5克	食用油	适量
葱白	5克		

❶ 将去皮洗净的黄瓜切条，再切成小块。

❷ 将洗净的马蹄肉切成小块。

❸ 将去皮洗好的胡萝卜切条，再切成小块。

❹ 锅中加水烧开，加入盐，倒入胡萝卜、马蹄，略煮。

❺ 倒入黄瓜，煮约2分钟至熟。

❻ 捞出煮好的胡萝卜、马蹄和黄瓜。

做法演示

❶ 用油起锅，倒入姜片、蒜末、葱白爆香。

❷ 倒入胡萝卜、马蹄、黄瓜，拌炒均匀。

❸ 加入蚝油、盐、鸡精。

❹ 拌炒约1分钟至入味。

❺ 加入少许水淀粉，快速拌炒均匀。

❻ 盛出装盘即可。

小贴士

✪ 下锅前先将黄瓜的水沥干，大火烹制，将要出锅时再撒一些盐及味精或鸡精，这样炒出来的黄瓜不会有很多水分，且更有营养，口感好。

食物相宜

增强免疫力

黄瓜

+

鱿鱼

排毒瘦身

黄瓜

+

大蒜

清热消暑

黄瓜

+

苦瓜

清炒莴笋丝

🕐 2分钟　　❌ 降压降糖

🔲 清淡　　☺ 糖尿病患者

　　清炒莴笋丝是一道简单快手菜，轻轻炒几下，调味出锅即可。清香、脆嫩、爽口，是百分百的健康菜，很适合忙碌的上班族。无论在什么时间，吃上清脆爽口的莴笋丝，都能感受到一股春天的气息。此外，莴笋含钾量非常高，对高血压和心脏病患者极为有益。

材料		调料	
莴笋	300克	盐	2克
姜丝	5克	白糖	3克
蒜末	5克	味精	1克
胡萝卜丝	20克	水淀粉	适量
葱段	5克	食用油	适量

❶ 将去皮洗净的莴笋切片，切成丝。

❷ 锅置大火上，注油烧热，倒入蒜末、胡萝卜丝、姜丝爆香。

❸ 倒入莴笋约炒 1 分钟至熟。

❹ 加入盐、味精、白糖调味。

❺ 加入少许水淀粉勾芡。

❻ 淋入少许熟油。

❼ 撒入葱段炒匀。

❽ 盛出装盘即可食用。

补虚强身
丰肌泽肤

莴笋

＋

猪肉

利尿通便，降血脂、降血压

莴笋

＋

香菇

小贴士

☺ 选购莴笋时，以叶绿、根茎粗壮、无腐烂瘢痕的为佳。

☺ 将莴笋放入盛有水的盆内，水量以淹至莴笋主干 1/3 处为宜，在室内放置三五天，这样莴笋叶子可保持绿色，主干仍很新鲜，炒食依旧鲜嫩可口。

☺ 将莴笋的叶和根都去掉，在自来水的冲淋下，莴笋的皮很容易就削下来了。

☺ 盐可以将莴笋所含的水分析出，故烹饪莴笋的时候要少放盐，以免影响到莴笋的爽脆口感。

养生常识

★ 莴笋具有利尿、降低血压、预防心律失常的作用，适用于老年人、儿童、用脑过度的人，以及高血压、心脏病患者。

胡萝卜炒芹菜

🕐 2分钟　　✂ 防癌抗癌

⚖ 清淡　　☺ 一般人群

　　胡萝卜营养丰富，口感微甜，可以生吃，但口味欠佳，因而很多人不爱吃。将胡萝卜与芹菜同炒，胡萝卜甜甜的口感配上芹菜的清香，香甜又美味，非常受人喜欢。胡萝卜含有较多的胡萝卜素、多种维生素、矿物质和膳食纤维，对人体有多方面的保健功能，因此被誉为"小人参"。

材料		调料	
胡萝卜	150克	盐	2克
香芹	120克	鸡精	1克
		食用油	适量

❶ 将胡萝卜洗净切丝。　❷ 将香芹择去老叶，洗净切段。

做法演示

❶ 炒锅倒油烧热。　❷ 倒入香芹段。　❸ 放入胡萝卜丝。

❹ 加盐、鸡精炒入味。　❺ 出锅盛盘即可。

小贴士

☺ 要选购体形圆直、表皮光滑、色泽橙红、无须根的胡萝卜。

☺ 胡萝卜用保鲜膜封好，置于冰箱中可保存 2 周左右。

☺ 胡萝卜适用于炒、烧、拌等烹调方法，也可做配料。烹调胡萝卜时，不要加醋，以免造成胡萝卜素损失。

养生常识

★ 大量摄入胡萝卜素会令皮肤的色素产生变化，变成橙黄色，故不宜过量食用胡萝卜。

食物相宜

排毒瘦身

胡萝卜

绿豆芽

预防中风

胡萝卜

菠菜

强健筋骨

胡萝卜

牛肉

清炒佛手瓜

⏱ 3分钟　　✕ 降低血压
⚖ 清淡　　😊 高血压患者

　　很多人可能没吃过佛手瓜，但它的营养价值较高，热量很低，又是低钠食物，是高血压患者的保健蔬菜。味重色浓的调料或酱料都能轻易破坏佛手瓜的滋味，因此只需要清炒，简单调味就可以了。成菜清甜爽脆，营养又美味。

材料

佛手瓜	200 克
红椒	25 克
蒜末	5 克
葱白	5 克

调料

盐	3 克
味精	1 克
白糖	2 克
水淀粉	适量
食用油	适量

食材处理

 ❶ 将洗净的佛手瓜切开，去核，切成片。

 ❷ 将洗净的红椒切开，去籽，切成块。

 ❸ 锅中加清水烧开，加食用油、盐煮沸。

 ❹ 倒入切好的佛手瓜。

 ❺ 拌匀，煮沸，至佛手瓜断生时捞出。

做法演示

 ❶ 用油起锅，倒入蒜末、葱白、红椒爆香。

 ❷ 倒入佛手瓜炒匀。

 ❸ 加盐、味精、白糖炒 1 分钟至熟透。

 ❹ 加水淀粉勾芡。

 ❺ 加少许熟油炒匀。

 ❻ 盛出装盘即可。

小贴士

✿ 佛手瓜食用时最好选择幼果，以果肩部位有光泽及果皮表面纵沟较浅，果皮鲜绿色、细嫩、未硬化者为佳。

食物相宜

祛湿

佛手瓜

＋

猪肉

消肿

佛手瓜

＋

蜜枣

养生常识

★ 佛手瓜含丰富的锌，儿童适量多吃对智力发育非常有益。

★ 经常吃佛手瓜可利尿排钠，有扩张血管、降压的作用。

★ 佛手瓜具有理气和中、疏肝和胃的作用适宜于消化不良、胸闷气胀、咳嗽多痰者及支气管炎患者食用。

蕨菜炒苦瓜

🕐 3分钟 ✖ 增强免疫力
🔲 苦 ☺ 一般人群

　　现在很多人爱吃野菜，蕨菜就是其中的一种。蕨菜不仅含有多种维生素、矿物质，也含有蕨素、蕨苷、甾醇等特有的营养素，被称为"野菜之王"，而且非常鲜美，适量食用对身体有益。蕨菜味道清新浓郁，加入苦瓜同炒，二者相互融合，能让成菜显得更鲜嫩、更美味。

材料

蕨菜	150克
苦瓜	200克
蒜末	5克

调料

蚝油	5毫升
盐	3克
味精	1克
白糖	2克
鸡精	1克
水淀粉	适量
淀粉	适量
食用油	适量

食材处理

❶ 将洗净的蕨菜切成段。

❷ 将洗好的苦瓜切条。

❸ 锅中加水烧开，加淀粉，倒入苦瓜煮约1分钟至熟捞出。

食物相宜

延缓衰老

苦瓜

+

茄子

做法演示

❶ 用油起锅，倒入蒜末。

❷ 倒入蕨菜炒香。

❸ 倒入苦瓜、蚝油、盐、味精、白糖、鸡精炒入味。

❹ 加水淀粉勾芡，淋入熟油拌匀。

❺ 盛出即可。

排毒瘦身

苦瓜

+

辣椒

小贴士

☼ 苦瓜虽苦，但当它与别的菜放在一起炒时不会影响其他菜的味道。

养生常识

★ 苦瓜含热量非常低，还能抑制脂肪吸收，是不错的减肥蔬菜，肥胖人群可适量多吃。

★ 苦瓜含丰富的维生素 C，能增强免疫力，并能预防心血管疾病。苦瓜含有促进胰岛素分泌的成分，具有辅助控制血糖、预防糖尿病的作用。

清炒小南瓜

🕐 2分钟　　✕ 降压降糖

⚖ 清淡　　　☺ 糖尿病患者

　　小南瓜营养丰富，常常吃小南瓜，可润肺益气、降低血糖、美容养颜，还能保护眼睛。小南瓜清淡微甜，清炒后散发出淡淡的清香味非常诱人，香甜软糯的口感更是让人喜爱。清炒南瓜丝，简单翻炒、调味即可，制作简单却非常美味。

材料

小南瓜	500克
蒜末	5克
红椒丝	20克

调料

盐	3克
白糖	2克
鸡精	2克
水淀粉	适量
食用油	适量

食材处理

❶ 将洗净的小南瓜切成丝。

❷ 装入盘中备用。

做法演示

❶ 炒锅入油置旺火上，倒入蒜末。

❷ 放入红椒丝爆香。

❸ 倒入南瓜丝。

❹ 加盐、白糖、鸡精。

❺ 翻炒约1分钟至熟。

❻ 加水淀粉勾芡。

❼ 翻炒至熟透。

❽ 将炒好的小南瓜丝盛入盘中即可。

食物相宜

美白肌肤

小南瓜

芦荟

预防糖尿病

小南瓜

猪肉

小贴士

✿ 小南瓜作为药食两用的蔬菜，一般人群皆可食用，尤其适合患有糖尿病的人食用。在冬季，煮粥食用，既可暖胃还可降血糖，是糖尿病患者较为理想的食材。

松仁山药炒玉米

🕐 2分钟	✖ 提神健脑
🗄 清淡	☺ 一般人群

　　松仁营养丰富、口味独特，可以直接食用，也可以放入蛋糕、面包、饼干中，还可以入菜。山药是一种高营养、低热量的食品，其所含的黏液蛋白有降低血糖的作用。玉米是大多数人喜爱的食物，有调理中气、开胃益智的作用。松仁的香味、山药的清甜、玉米的香甜，组合起来就是一道绝佳的美味。

材料

山药	120克
鲜玉米粒	200克
松仁	7克
青甜椒	30克
红甜椒	30克
生姜	10克
葱	5克
大蒜	5克

调料

盐	3克
味精	1克
白糖	2克
水淀粉	适量
大豆油	适量
食用油	适量

食材处理

❶ 将山药去皮，洗净切成丁。

❷ 将红圆椒洗净切丁。

❸ 将青圆椒洗净切丁。

❹ 将生姜切片，将大蒜切末，将葱洗净切段。

❺ 锅中倒入适量清水，加盐、食用油烧开，倒入玉米粒煮沸。

❻ 倒入青椒丁、红圆椒丁焯煮片刻。

❼ 加入山药丁拌匀。

❽ 焯煮至熟捞出。

做法演示

❶ 用大豆油起锅，倒入葱白、蒜末、姜片爆香，倒入焯熟的材料，加盐、味精、白糖调味。

❷ 加入少许水淀粉勾芡。

❸ 出锅装盘，撒入松仁即成。

小贴士

⊙ 购买山药时，若发现山药表面有异常斑点绝对不能买，因为这种山药可能已经感染过病害。还要注意选购断面带有黏液、外皮无损伤的山药。

⊙ 购买回来的山药，置于通风干燥处可保存较长的时间。

食物相宜

补血养颜

山药

+

红枣

预防骨质疏松

山药

+

芝麻

养生常识

★ 山药养阴助湿，所以湿盛中满，或有积滞、实邪者不宜食用。

★ 山药具有收敛作用，所以感冒患者、大便燥结者及肠胃积滞者忌用。

彩椒炒榨菜丝

⏱ 2分钟		✖ 开胃消食	
🌡 辣		☺ 一般人群	

　　榨菜是一种半干态非发酵性的咸菜，以茎用芥菜为原料腌渍而成，咸香、开胃、下饭。炎热的夏日，总是没有食欲，吃点榨菜开胃也不错。仅仅以榨菜下饭，不仅显得单调，还过咸，加点清新香甜的彩椒以中和，清淡又有滋味，鲜香、咸香俱全，开胃下饭正合适。

材料

榨菜丝	150克
青椒丝	100克
彩椒丝	20克
蒜末	5克

调料

盐	3克
味精	1克
水淀粉	适量
食用油	适量

❶ 将洗净的青椒、彩椒切成丝。

❷ 热锅注入少许油，倒入蒜末炸香。

❸ 倒入青椒丝炒香。

❹ 倒入榨菜丝炒匀。

❺ 倒入彩椒丝拌炒片刻。

❻ 加入少许盐、味精炒匀。

❼ 用水淀粉勾芡。

❽ 拌炒均匀。

❾ 盛入盘中即成。

小贴士
☺ 为保证榨菜新鲜爽口，榨菜应用塑料袋或瓶装，封口冷藏。
☺ 食用榨菜不可过量，因榨菜含盐量高，过多食用可使人罹患高血压，加重心脏负担，引发心力衰竭，出现全身水肿及腹水。

养生常识

★ 本道菜适合常吃油腻者、大病初愈或患小病而胃口不佳者食用，孕妇要尽量少吃榨菜。
★ 饮酒过量或出现不适时，吃一点榨菜可缓解酒醉造成的头昏、胸闷和烦躁感。

食物相宜

美容养颜

彩椒

＋

苦瓜

促进肠胃蠕动

彩椒

＋

紫甘蓝

利于维生素的吸收

彩椒

＋

鸡蛋

芦笋炒百合

⏰ 2分钟　🍴 开胃消食

🧂 清淡　😊 一般人群

　　芦笋有鲜美芳香的风味，营养价值高，经常食用对亚健康状态等有一定的食疗作用。百合含有多种营养物质，可润肺止咳、清心安神，还能清除体内有害物质、延缓衰老。芦笋搭配百合，既是一道排毒抗癌的美食，还能够补中益气、消除身体水肿，是素食者的最佳选择之一。

材料

芦笋	150克
鲜百合	60克
红椒	20克

调料

盐	2克
水淀粉	10毫升
味精	1克
鸡精	1克
料酒	3毫升
芝麻油	适量
食用油	适量

❶ 把洗净的芦笋先去皮，然后切成2厘米长的段。

❷ 将洗净的红椒切开，去籽，切成片。

❸ 将切好的芦笋和红椒分别装入盘中备用。

❹ 锅中加约600毫升清水烧开，加少许食用油。

❺ 倒入切好的芦笋。

❻ 煮沸后捞出备用。

做法演示

❶ 用油起锅，倒入红椒片炒香。

❷ 倒入焯水后的芦笋段。

❸ 加入洗好的百合炒匀，淋入适量料酒炒香。

❹ 加盐、味精、鸡精炒匀调味。

❺ 加入少许水淀粉勾芡。

❻ 淋入少许芝麻油炒匀。

❼ 在锅中炒匀，炒至完全熟透。

❽ 起锅，盛入盘中即可食用。

食物相宜

清心安神

百合
+

莲子

润肺益肾，止咳平喘

百合
+

核桃

养生常识

★ 芦笋叶酸含量较多，对于孕妇来说，经常食用芦笋有助于胎儿大脑发育。

★ 芦笋具有清热利尿的作用，对于易上火、患有高血压的人群来说，多食好处极多。

★ 芦笋虽好，但不宜生吃，也不宜存放1周以上才吃，而且应低温避光保存。

韭香银芽

🕐 2分钟　　❌ 清热解毒

🍲 清淡　　😊 一般人群

　　春天的韭菜，鲜嫩且水灵，充满着朝气。春韭入菜，有补肾补阳的作用。春季人体肝气偏旺，影响脾胃消化吸收功能。韭菜有多种吃法，可做面点小吃的馅料，也可搭配其他食材同炒。用韭菜搭配绿豆芽烹制菜肴，清新美味又营养，好似春天的馈赠。

材料

绿豆芽	120克
韭菜	60克

调料

盐	2克
鸡精	1克
食用油	适量

食材处理

❶ 将洗好的绿豆芽对半切断。

❷ 将洗净的韭菜切成约 4 厘米长的段。

做法演示

❶ 锅注油烧热，倒入韭菜炒香。

❷ 倒入绿豆芽，炒约半分钟。

❸ 加入盐、鸡精。

❹ 炒匀至熟透。

❺ 盛入盘中即成。

小贴士

❀ 春季的韭菜品质最好，夏季的最差。要注意选择窄叶韭菜为宜。

养生常识

★ 韭菜含有挥发性的硫化丙烯，因此具有辛辣味，具有增强食欲的作用。

★ 韭菜的粗纤维较多，不易消化吸收，所以一次不能吃太多，否则大量粗纤维刺激肠壁，易引起腹泻。

★ 消化不良或肠胃功能较弱的人吃韭菜容易引起胃灼热,不宜多吃。

★ 便秘者建议多吃，因为韭菜含有大量的膳食纤维，能改善肠道功能，润肠通便。

食物相宜

通乳汁，美白润肤

绿豆芽

鲫鱼

排毒利尿

绿豆芽

陈皮

预防心血管疾病

绿豆芽

鸡肉

香芹千张丝

🕐 2分钟   ✖ 增强免疫力

🔥 辣   🙂 一般人群

　　香芹千张丝是湖北人喜爱的家常小炒，可谓是湖北名菜，无论你去哪家做客，餐桌上都会有这道菜。千张皮营养丰富，含有人体所必需的8种微量元素，还含有大豆异黄酮，经常食用能使皮肤保持弹性，延缓衰老。香芹、红椒丝、青椒丝的加入，让成菜营养更均衡，味道更鲜美。

材料		调料	
芹菜	50克	盐	2克
千张皮	200克	味精	1克
青椒	15克	鸡精	1克
红椒	15克	生抽	3毫升
		食用油	适量

❶ 把洗净的干张皮切成方块，再切成条。

❷ 把洗好的芹菜切成约 4 厘米长的段。

❸ 把洗净的青椒、红椒均切成长条。

❹ 锅中注水烧热，倒入干张丝。

❺ 煮约 1 分钟至熟后捞出备用。

做法演示

❶ 炒锅热油，倒入青椒、红椒炒香。

❷ 倒入芹菜，拌炒片刻。

❸ 倒入焯熟的干张丝，炒匀。

❹ 加入盐、味精、鸡精、生抽。

❺ 炒约 1 分钟至充分入味。

❻ 将炒好的菜盛入盘中即可。

养生常识

★ 芹菜性凉质滑，故脾胃虚寒、肠滑不固者食之宜慎；芹菜有降血压作用，故血压偏低者慎用；有生育计划的男性应注意少食。

食物相宜

降低血压

芹菜

+

西红柿

美容养颜，抗衰老

芹菜

+

核桃

提高免疫力

芹菜

+

牛肉

香菇豆干丝

⏱ 4分钟　　✖ 增强免疫力

🌶 辣　　　　☺ 青少年

　　白豆干鲜香可口、营养丰富，具有开胃消食、增强免疫力的作用，可以防止血管硬化。豆干有股淡淡的豆腥味，搭配上浓郁芳香的香菇、香辣的红椒丝，增添了色泽和香味，是一道色香味俱全的佳肴，非常诱人。

材料		调料	
鲜香菇	30克	盐	2克
白豆干	150克	鸡精	2克
姜片	5克	生抽	3毫升
蒜末	5克	蚝油	5毫升
葱段	5克	水淀粉	适量
红椒丝	20克	料酒	5毫升
		食用油	适量

① 将洗好的鲜香菇去除蒂，改切成丝。

② 将洗净的白豆干切成丝。

③ 锅中注水烧开，加入盐，倒入香菇拌匀。

④ 煮沸即可捞出。

⑤ 锅注油，烧至四成热，倒入白豆干。

⑥ 炸约半分钟至表皮发硬后捞出。

做法演示

① 锅留底油，倒入姜片、蒜末、葱段、红椒丝爆香。

② 倒入香菇、白豆干，拌炒均匀。

③ 淋入少许料酒炒香。

④ 加入生抽、蚝油、盐、鸡精。

⑤ 拌炒约 1 分钟至入味。

⑥ 加入水淀粉勾芡。

⑦ 淋入熟油炒匀。

⑧ 盛出装盘即可。

食物相宜

提高免疫力

香菇

＋

青豆

清热解毒

香菇

＋

马蹄

促进消化

香菇

＋

猪肉

韭菜炒豆腐

🕐 2分钟　🍴 保肝护肾
⚖ 清淡　　😊 一般人群

　　韭菜虽然是常年绿叶菜之一，但唯有春天的韭菜特别娇嫩鲜甜，养生补气，因此享有"春天第一美食"的美誉。豆腐用油炸至金黄色，外焦里嫩，香味十足，嫩滑爽口，十分美味。将炸好的豆腐与韭菜、胡萝卜同炒，豆香、韭香、胡萝卜清香相辅相成，甚是诱人。

材料

韭菜	150克
胡萝卜	30克
豆腐	200克

调料

盐	3克
味精	1克
白糖	2克
食用油	适量

❶ 将豆腐切块。

❷ 将胡萝卜去皮洗净，切片。

❸ 将韭菜洗净，切段。

食物相宜

排毒瘦身

韭菜

黄豆芽

做法演示

❶ 热锅注油，烧至五六成热时，倒入豆腐块。

❷ 炸约 1 分钟至金黄色捞出。

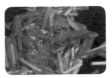

❸ 起油锅，倒入韭菜和胡萝卜片，翻炒至熟透。

补肾，止痛

韭菜

❹ 加盐、味精、白糖调味。

❺ 倒入炸好的豆腐炒匀。

❻ 出锅装盘即成。

鸡蛋

小贴士

❂ 胡萝卜素和维生素 A 是脂溶性物质，应用油炒熟或和肉类一起炖煮后再食用，以利吸收，但不要过量食用。

❂ 购买胡萝卜时，最好选购体形圆直、表皮光滑、色泽橙红、无须根的胡萝卜。

❂ 胡萝卜用保鲜膜封好，置于冰箱中可保存 2 周左右。

养生常识

★ 胡萝卜有辅助治疗夜盲症、保护呼吸道和促进儿童生长的作用。

冬笋炒四季豆

🕐 5分钟　　✖ 开胃消食
⏲ 清淡　　　☺ 糖尿病患者

　　冬笋是一种高蛋白、低淀粉食品，对肥胖症、高血压等有一定的食疗作用。它所含的多糖物质，具有一定的抗癌作用。四季豆富含蛋白质和多种氨基酸，常食可健脾胃、增进食欲。冬笋炒四季豆可谓是一道来自大自然的天然美味，清新怡然，让人迷醉。

材料

冬笋	100克
四季豆	150克
红椒	15克
姜片	5克
蒜末	5克
葱段	5克

调料

料酒	5毫升
盐	3克
味精	1克
水淀粉	适量
食用油	适量

食材处理

❶ 将洗净的冬笋切成条。

❷ 洗净的四季豆切段。

❸ 洗净的红椒切成片。

做法演示

❶ 油锅烧热后倒入四季豆,滑炒1分钟。

❷ 用漏勺捞出,沥干油备用。

❸ 锅底留油,倒入蒜末、姜片、葱段炒香。

❹ 倒入冬笋炒匀。

❺ 加入四季豆和红椒。

❻ 倒少许清水,淋入料酒。

❼ 加盐、味精炒入味。

❽ 加入水淀粉勾芡,炒匀。

❾ 盛入盘中即可。

食物相宜

保护眼睛、抗衰老

四季豆

＋

香菇

促进骨骼的成长

四季豆

＋

花椒

养生常识

★ 妇女多白带者、皮肤瘙痒者、急性胃肠炎患者尤其适合食用四季豆。

★ 癌症患者、食欲不振者宜食用四季豆。

★ 腹胀者不宜多食四季豆。

小贴士

☺ 烹调前应将豆筋摘除,否则既影响口感,又不易消化。

☺ 烹煮时间宜长不宜短,要保证四季豆熟透,否则会发生中毒。

青豆炒雪菜

- 🕐 2分钟
- ✖ 养心润肺
- 🔥 辣
- 😊 一般人群

　　雪菜，也称雪里蕻，一般都用腌渍过的雪菜炒食，开胃下饭。食用新鲜的雪菜也别有一番风味。新鲜的雪菜青翠欲滴、鲜嫩清香，焯水后切小段，与青豆同炒，清淡适口，加点红椒丝增色提味，使得成菜鲜香开胃。在胃口不佳的时候，青豆炒雪菜便是不错的选择。

材料		调料	
雪菜	300克	盐	3克
青豆	100克	白糖	2克
红椒	10克	食用油	适量
大蒜	5克		

食材处理

❶ 将红椒洗净切粒；大蒜洗净切末。

❷ 锅中倒水烧开，加盐、白糖，放入洗净的雪菜焯熟后捞出。

❸ 将雪菜切小段。

做法演示

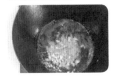  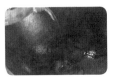

❶ 将青豆倒入热水中。

❷ 煮约1分钟至熟，捞出备用。

❸ 热锅注油。

❹ 倒入蒜末爆香。

❺ 放入雪菜略炒。

❻ 倒入青豆拌炒均匀。

❼ 加入适量盐调味。

❽ 放红椒粒拌炒均匀。

❾ 出锅装盘即成。

小贴士

❀ 将雪菜用清水洗净，削去根部，去掉黄叶后，用保鲜膜封好置于冰箱中可保存1周左右。腌雪菜密封保存，可保存较长时间。

养生常识

★ 雪菜有助于缓解疮痈肿痛、胸膈满闷、咳嗽痰多、耳目失聪、牙龈肿烂、便秘等症状。

★ 雪菜含大量粗纤维，不易消化，小儿消化功能不全者宜少食。

★ 雪菜有解毒之功，能抗感染和预防疾病，并能抑制细菌毒素的毒性，促进伤口愈合，可用来辅助治疗感染性疾病。

食物相宜

提高营养价值

青豆

虾仁

增加食欲

青豆

蘑菇

健脾，通乳

青豆

红糖

素炒香菇

⏱ 2分钟　　✂ 开胃消食
🔥 辣　　😊 一般人群

　　香菇素有"山珍"之美誉，具有独特的浓郁芳香，含有丰富的营养物质，对促进人体新陈代谢、提高机体适应力有很大作用。因此，由香菇制作出来的美味越来越受到大家的欢迎，也逐渐成为餐桌上的一道风景。素炒香菇鲜香味美、清淡爽口，常食用还能改善消化不良、便秘、肥胖等症状。

材料

鲜香菇	150克
青椒	20克
红椒	20克
姜片	5克
蒜末	5克

调料

盐	2克
味精	2克
白糖	1克
料酒	3毫升
水淀粉	适量
食用油	适量

❶ 将洗净去蒂的香菇切成片。

❷ 将洗好的青椒切段，去籽，改切成丝。

❸ 将洗好的红椒切段，去籽，改切成丝。

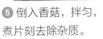

❹ 锅置旺火上，注入清水烧开，加少许盐。

❺ 倒入香菇，拌匀，煮片刻去除杂质。

❻ 捞出已煮好的香菇备用。

❶ 另起锅，注油烧热，倒入姜片、蒜末爆香。

❷ 倒入青椒、红椒，拌炒片刻。

❸ 倒入香菇炒匀。

❹ 加入盐、味精、白糖、料酒炒匀调味。

❺ 加入水淀粉勾芡。

❻ 盛入盘中即成。

养生常识

★ 经常食用香菇对小儿因缺乏维生素 D 而引起的血磷、血钙代谢障碍导致的佝偻病有益，并可预防人体各种黏膜及皮肤炎症性病。

有助于营养吸收

香菇

豆腐

降低血压、血脂

香菇

鱿鱼

利尿通便

香菇

莴笋

滑子菇炒上海青

⏱ 2分钟　　✗ 提神健脑
🗍 清淡　　😊 一般人群

　　滑子菇不仅味道鲜美、营养丰富，而且附着在其菌伞表面的黏性物质是一种核酸，对保持人体的精力和脑力大有益处，并且还有抑制肿瘤的作用。上海青、滑子菇分别焯水，一起入油锅翻炒、调味、炒熟。这道菜中的滑子菇嫩滑爽口，上海青嫩绿肥美，实在诱人。

材料
| 上海青 | 150克 |
| 滑子菇 | 30克 |

调料
盐	3克
鸡精	1克
水淀粉	适量
蒜油	适量
食用油	适量

❶ 在锅中倒入适量清水。

❷ 加少许盐、食用油烧开。

❸ 放入洗净的上海青焯 1 分钟。

❹ 捞出沥水备用。

❺ 倒入洗好的滑子菇焯约 1 分钟。

❻ 捞出备用。

做法演示

❶ 热锅注油，倒入焯好的上海青。

❷ 放入焯好的滑子菇，翻炒至熟。

❸ 加盐、鸡精，炒匀调味。

❹ 加入水淀粉勾芡。

❺ 淋入少许蒜油拌炒均匀。

❻ 盛出装盘，淋入原汁即成。

小贴士

✪ 选购上海青时，以颜色嫩绿、新鲜肥美、叶片有韧性的为佳。

✪ 在常温下，上海青可保鲜 1~2 天，放入冰箱内可保鲜 3 天。

食物相宜

补充脑力

滑子菇

金针菇

预防癌症

滑子菇

豌豆

养生常识

★ 上海青中含有大量的膳食纤维，能促进肠道蠕动，缩短粪便在肠道内停留的时间，从而辅助治疗便秘，预防肠道肿瘤。

★ 疥痘、目疾、小儿麻疹后期患者要少食上海青。

★ 吃剩的熟上海青过夜后就不要再吃，以免造成亚硝酸盐沉积，易引发癌症。

口蘑鲜蚕豆

⏲ 2分钟　　✖ 养心润肺
🍶 清淡　　　🙂 一般人群

　　蚕豆是春天的时令菜，营养特别丰富，常食可增强记忆力、延缓动脉硬化、降低胆固醇。新鲜的蚕豆，豆粒圆润鲜嫩，适合清炒和小烩，搭配口蘑、胡萝卜等都很不错。这道菜蚕豆清香、口蘑鲜嫩，加之胡萝卜的香甜，融合在一起，香甜美味，非常爽口，下酒、下饭皆宜。

材料		调料	
蚕豆	100 克	盐	4 克
胡萝卜	150 克	味精	3 克
口蘑	40 克	水淀粉	10 毫升
姜片	5 克	料酒	3 毫升
蒜末	5 克	食用油	适量
葱白	5 克		

食材处理

① 将洗净的口蘑切成小块。

② 将洗净的胡萝卜去皮。

③ 切成 1 厘米厚的片，切条，再切成丁。

④ 锅中加水烧开，加盐，倒入蚕豆，加油，煮约 2 分钟。

⑤ 将煮好的蚕豆捞出来。

⑥ 放入清水中，剥去外壳，取蚕豆仁备用。

⑦ 倒入胡萝卜，煮沸。

⑧ 加入口蘑，拌匀。

⑨ 煮片刻至熟捞出。

做法演示

① 用油起锅，倒入姜片、蒜末、葱白爆香。

② 倒入胡萝卜、口蘑、蚕豆炒匀。

③ 淋入料酒，加盐、味精炒匀。

④ 加水淀粉勾芡。

⑤ 翻炒均匀至入味。

⑥ 盛出装盘即可。

食物相宜

利尿、清肺

蚕豆

+

白菜

清肝祛火

蚕豆

+

枸杞子

养生常识

★ 蚕豆性平味甘，具有益胃、利湿消肿、止血解毒的作用。

★ 豆类含有过敏因子（尤其是鲜蚕豆），所以有人吃了蚕豆会发生过敏现象。因吃蚕豆发生过敏者，一定不要再吃蚕豆及其制品，有过敏家族史者也不宜食用蚕豆。

雪里蕻炒年糕

🕐 3分钟	✖ 开胃消食
🔔 辣	☺ 一般人群

雪里蕻，即雪菜，有一种特殊的鲜味和香味，含有丰富的营养成分，能增强肠胃的消化功能，可以增进食欲、提神醒脑。雪里蕻炒年糕是最具特色的一道江南美食，材料虽然简单平常，味道却非常鲜美，可以当作菜肴，也可作为主食，平常食用亦可。

材料		调料	
雪里蕻	300克	盐	3克
年糕	200克	味精	1克
红椒末	20克	鸡精	1克
蒜末	5克	食用油	适量

❶ 将洗净的雪里蕻切碎。

❷ 锅中加水烧开，加盐，放入年糕焯煮约1分钟至熟。

❸ 将煮好的年糕捞出备用。

做法演示

❶ 热锅注油。

❷ 倒入红椒末、蒜末爆香。

❸ 倒入雪里蕻碎末拌炒片刻。

❹ 倒入焯水后的年糕。

❺ 炒1分钟至熟透。

❻ 加入盐、味精、鸡精炒匀调味。

❼ 翻炒片刻至入味。

❽ 盛入盘中即成。

小贴士

❂ 雪里蕻茎叶较多，烹饪前要多清洗几遍，以便彻底清除泥土和其他杂质。

食物相宜

清热除烦，开胃

雪里蕻

＋

百合

有助于钙的吸收

雪里蕻

＋

猪肝

养生常识

★ 雪里蕻还可防治便秘，尤宜于老年人及习惯性便秘者食用。

★ 雪里蕻含有大量的维生素C，参与机体重要的氧化还原过程，能激发大脑对氧的利用，有醒脑提神、缓解疲劳的作用。

★ 便血及眼疾患者应少食雪里蕻，尤其是腌渍的雪里蕻。

第3章

畜肉类：浓香超美味

相对于素食，以肉烹制成的菜肴常被人们称为荤菜。它们有着或酥软、或嫩滑、或筋道的口感，透发着浓醇的香气，滋味十足，用来下饭再好不过。吃货们更是无法摆脱它的诱惑，品尝时那种发自内心的愉悦与满足感几乎无可取代。

韭黄炒肉丝

⏱ 3分钟 ✕ 益气补血
⚖ 清淡 ☺ 女性

　　韭黄比韭菜更脆嫩爽口，并且没有那么浓郁的辛辣味，相较之下更容易让人接受。韭黄也是补肾益肝、健胃润肠的春季佳品，深受大家喜爱。瘦肉营养丰富，尤其是蛋白质含量高，具有滋阴润燥的作用。鲜嫩的韭黄配上嫩滑的肉丝，就是一道非常不错的家常热炒，非常下饭。

材料		调料	
瘦肉	200克	盐	2克
韭黄	100克	鸡精	1克
青椒	20克	白糖	2克
红椒	20克	味精	1克
		水淀粉	适量
		食用油	适量

❶ 将洗净的韭黄切成约 4 厘米长的段。

❷ 将洗好的青椒、红椒均切成丝。

❸ 把洗净的瘦肉切成薄片，然后切成丝。

❹ 将肉丝装入容器中，加入盐、味精拌匀。

❺ 加入少许水淀粉拌匀，腌渍 10 分钟入味。

❻ 锅中注水烧开，倒入腌渍好的肉丝，用锅勺搅散。

❼ 焯水 1 分钟至肉丝发白捞出。

❽ 热锅注油，烧至四成热，放入肉丝。

❾ 滑油片刻后捞出。

做法演示

❶ 锅留底油，倒入青椒、红椒炒香。

❷ 倒入韭黄。

❸ 加入白糖、盐。

❹ 倒入肉丝。

❺ 加鸡精拌炒约 1 分钟入味。

❻ 加入水淀粉勾芡。

❼ 快速拌炒均匀。

❽ 盛入盘中即成。

食物相宜

开胃消食

瘦肉

白菜

祛斑消淤

瘦肉

山楂

健胃消滞

瘦肉

豆芽

菌菇炒肉丝

⏱ 3分钟　　✂ 增强免疫力
🍲 鲜　　😊 一般人群

　　菌菇炒肉丝是一道简单的家常菜，食材主要有鸡腿菇、口蘑、香菇、芹菜、五花肉等，色美味香，营养丰富。清爽可口的菌菇中加入青椒、红椒的微辣味道，让味蕾的感受更丰富。

材料		调料	
鸡腿菇	100克	盐	4克
口蘑	100克	味精	1克
香菇	100克	白糖	2克
芹菜	80克	料酒	5毫升
五花肉	150克	水淀粉	适量
青椒	10克	食用油	适量
红椒	10克		
姜丝	5克		
蒜末	5克		

❶ 把洗净的鸡腿菇切成丝。

❷ 将洗好的口蘑切成片。

❸ 将洗净的香菇切成片。

❹ 将洗好的芹菜切成段。

❺ 将洗净的青椒、红椒去籽, 切细丝。

❻ 将洗好的五花肉切成丝, 装入盘中备用, 加盐、味精抓匀, 淋入水淀粉拌匀。

❼ 倒入少许食用油, 腌渍片刻。

❽ 锅中注入适量清水烧热, 加少许盐拌匀, 放入鸡腿菇、口蘑、香菇。

❾ 焯至断生后, 捞出备用。

做法演示

❶ 炒锅注油烧热, 放入姜丝、蒜末爆香。

❷ 倒入肉丝, 淋入少许料酒, 翻炒均匀。

❸ 倒入鸡腿菇、口蘑、香菇、芹菜、青椒、红椒, 翻炒至所有材料熟透为止。

❹ 加盐、味精、白糖调味。

❺ 用水淀粉勾芡, 淋入熟油炒匀。

❻ 出锅装盘即成。

食物相宜

补气养血

香菇

牛肉

清热解毒

香菇

马蹄

促进消化

香菇

猪肉

茭白炒肉

🕐 3分钟　　✖ 清热解毒
🍲 鲜　　　　☺ 一般人群

　　茭白味道鲜美，营养价值比较高，具有利尿祛水、清暑解烦、止咳的作用。鲜嫩的茭白，白白胖胖非常惹人爱，蘸卜醇美的肉汁，口感更加鲜美嫩滑，色泽更加好看，令人忍不住胃口大开。茭白炒肉是一道地道的江南下饭小菜，非常适合家常食用。

材料		调料	
茭白	200 克	盐	3 克
瘦肉	250 克	味精	1 克
红椒	15 克	蚝油	4 毫升
姜片	5 克	料酒	5 毫升
蒜末	5 克	水淀粉	适量
葱白	5 克	淀粉	适量
		食用油	适量

① 将去皮洗净的茭白切成片。

② 将洗净的红椒切开，去籽，切成片。

③ 将洗净的瘦肉切成片。

④ 把肉片盛入碗中，加入少许淀粉、盐、味精，拌匀。

⑤ 加少许水淀粉，拌匀，再加少许食用油，腌渍 10 分钟。

做法演示

① 锅中加水烧开，加少许食用油、盐,拌匀。

② 倒入切好的茭白。

③ 煮沸后捞出。

④ 热锅注油，烧至四成热，倒入瘦肉。

⑤ 搅散，滑油至转色捞出。

⑥ 锅留底油，倒入姜片、蒜末、葱白、红椒炒香。

⑦ 倒入焯水后的茭白片。

⑧ 加入滑油后的瘦肉。

⑨ 加盐、味精、蚝油、料酒，炒匀调味。

⑩ 加水淀粉勾芡。

⑪ 翻炒均匀至入味。

⑫ 盛出装盘即成。

降低血压

茭白

+

芹菜

美容养颜

茭白

+

鸡蛋

家常山药

🕐 3分钟	✂ 益气健脾		
⚖ 辣	☺ 女性		

　　山药自古就是补虚佳品，既可做主食食用，又可入菜，具有健脾益胃的功效。洁白的山药就好似无瑕的美玉，与五花肉、红椒、青椒合而为菜，简单搭配，家常调料，然而相遇后的骤然升华，竟然鲜美得令人齿颊生香，真是一道不错的美味养生菜。

材料

山药	200 克
五花肉	100 克
青椒	20 克
红椒	20 克
蒜苗	10 克

调料

盐	3 克
水淀粉	10 毫升
白醋	10 毫升
味精	2 克
白糖	3 克
老抽	3 毫升
生抽	3 毫升
豆瓣酱	适量
食用油	适量

食材处理

❶ 把去皮洗净的山药切成片。

❷ 把洗净的青椒、红椒均切成片。

❸ 把洗净的五花肉切成片。

❹ 锅中加约 800 毫升清水，烧开后加入白醋。

❺ 倒入山药拌匀，煮约半分钟至熟。

❻ 将煮好的山药捞出备用。

做法演示

❶ 用油起锅，倒入五花肉片，翻炒至出油发白。

❷ 加少许老抽上色。

❸ 加蒜苗梗、青椒、红椒炒匀。

❹ 加少许生抽炒匀。

❺ 倒入山药。

❻ 加盐、味精、白糖、豆瓣酱，翻炒至入味。

❼ 下入蒜叶炒匀。

❽ 加入水淀粉和熟油炒匀。

❾ 盛入盘中即可。

食物相宜

补血养颜

山药

➕

红枣

预防骨质疏松

山药

➕

芝麻

洋葱炒五花肉

⏰ 5分钟　　❌ 开胃消食
🧂 咸香　　🙂 一般人群

　　洋葱炒五花肉是一道健康美味的家常小炒，鲜香可口，营养丰富，尤其是肉香充分融合洋葱的浓郁香味后，非常吸引人。洋葱的挥发成分有刺激食欲、帮助消化、促进吸收的作用，可提高胃肠道功能，增强消化液分泌。

材料		调料	
五花肉	300克	盐	3克
洋葱	70克	老抽	3毫升
红椒	20克	生抽	3毫升
豆豉	5克	味精	1克
蒜末	5克	白糖	2克
姜片	5克	料酒	5毫升
		水淀粉	适量
		食用油	适量

食材处理

❶ 将去皮洗净的洋葱切片。

❷ 将洗净的红椒对半切开，切条，再切成片。

❸ 将洗净的五花肉切小块。

做法演示

❶ 锅中注入适量食用油，烧热。

❷ 倒入五花肉。

❸ 炒至猪肉吐出油。

❹ 加老抽、生抽炒香。

❺ 倒入红椒、洋葱。

❻ 倒入豆豉、蒜末、姜片炒匀。

❼ 加料酒炒匀。

❽ 加入盐、味精、白糖翻炒至入味。

❾ 倒入水淀粉勾芡。

❿ 加入熟油炒匀。

⓫ 盛入盘中即可。

食物相宜

保持营养均衡

猪肉

香菇

降低胆固醇

猪肉

红薯

西葫芦炒肉片

⏱ 4分钟　　✂ 养心润肺
⚖ 辣　　　　☺ 女性

　　西葫芦营养丰富，含钠较低，高血压患者可以多食。西葫芦还含有充足的水分，有润泽肌肤的作用，面色暗黄的人食之，可改善肤色。配上猪肉、红椒丝、葱段炒食，不仅能提升西葫芦的味道，还能让成菜更清爽鲜香不油腻。

材料		调料	
西葫芦	200克	盐	3克
五花肉	100克	味精	1克
红椒片	20克	鸡精	1克
姜片	5克	蚝油	5毫升
蒜末	5克	老抽	3毫升
葱段	5克	料酒	5毫升
剁椒	20克	水淀粉	适量
		食用油	适量

① 将洗净的西葫芦切成片。

② 将洗好的五花肉切片。

③ 将老抽、料酒、盐加入肉片里拌匀，腌渍5分钟。

做法演示

① 锅置旺火上，注油烧热，倒入肉片滑油。

② 当肉片断生时捞出备用。

③ 锅留底油，加入红椒、蒜末、姜片、葱段爆香。

④ 倒入肉片，加老抽、料酒炒匀。

⑤ 将西葫芦倒入锅里，翻炒1分钟至熟。

⑥ 加剁椒炒匀，再加盐、味精、蚝油、鸡精调味。

⑦ 往锅里加入少许水淀粉勾芡。

⑧ 翻炒均匀。

⑨ 将做好的菜盛入盘中即可。

小贴士

❂ 西葫芦可炒，可做汤，可做馅料。烹调时不宜煮得太烂，以免营养损失。

❂ 要选购表皮无破损、虫蛀，果实饱满的新鲜西葫芦。

食物相宜

补充蛋白质

西葫芦

+

鸡蛋

增强免疫力

西葫芦

+

洋葱

养生常识

★ 西葫芦具有清热利尿、除烦止渴、润肺止咳、消肿散结的作用，可用于辅助治疗烦渴、疮毒以及肾炎、肝硬化腹水等症。

过油肉土豆片

- 🕐 2分钟
- ⚖ 咸
- ✕ 益气补血
- ☺ 女性

过油肉土豆片是以土豆片、羊肉、木耳等为主食材制成的一道家常菜。土豆具有健脾益气、缓急止痛、通利大便之功；羊肉提供人体必需的优质蛋白、脂肪等；木耳营养价值极高，具有滋补润燥、养血益胃的作用。土豆片、羊肉加木耳营养全面，可作为家常菜，男女老幼皆宜。

材料

羊肉	350克
土豆	200克
水发黑木耳	50克
青椒	20克
红椒	20克
蒜末	5克
姜片	5克
葱段	5克

调料

盐	3克
味精	1克
鸡精	1克
料酒	5毫升
蚝油	5毫升
水淀粉	适量
食用油	适量

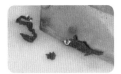

❶ 把洗净的羊肉切成薄片。

❷ 将洗好的黑木耳切成小朵。

❸ 将去皮洗净的土豆切薄片。

❹ 将洗净的青椒切成小块。

❺ 将洗净的红椒切成小块。

❻ 将羊肉放入碗中，加盐、味精、料酒和水淀粉，抓匀入味。

❼ 倒入少许食用油，腌渍片刻。

❽ 锅中注入水烧热，加盐、食用油拌匀，放入黑木耳，焯烫片刻。

❾ 倒入土豆。

❿ 焯至断生，捞出沥水备用。

⓫ 炒锅中注入适量食用油，烧至四成热，放入羊肉。

⓬ 滑油至羊肉断生，捞起沥油备用。

做法演示

❶ 锅底留油烧热，入姜片、蒜末爆香。

❷ 倒入青椒、红椒、土豆、黑木耳，炒匀。

❸ 加盐、味精、鸡精调味。

❹ 倒入羊肉，淋入少许料酒拌匀。

❺ 加少许蚝油。

❻ 炒至入味。

❼ 用水淀粉勾芡。

❽ 撒上葱段炒匀。

❾ 出锅盛入盘中即可。

家常肉末金针菇

- ⏱ 3.5 分钟
- ⚖ 清淡
- ✂ 增强免疫力
- ☺ 老年人

金针菇的氨基酸含量非常丰富，高于一般菇类。 金针菇中含锌量比较高，有促进儿童智力发育和健脑的作用，在日本等许多国家被誉为"益智菇"和"增智菇"。家常肉末金针菇清爽美味，简单易做，但是回味无穷。

材料

金针菇	350 克
肉末	70 克
葱段	5 克
红椒丝	20 克

调料

盐	3 克
水淀粉	10 毫升
白糖	2 克
鸡精	1 克
蚝油	5 毫升
高汤	适量
胡椒粉	适量
食用油	适量

食材处理

❶ 将洗净的金针菇切去根部。

❷ 装入盘中备用。

做法演示

❶ 热锅注入适量食用油，倒入肉末炒香。

❷ 放入金针菇翻炒均匀。

❸ 倒入高汤拌炒均匀。

❹ 放入红椒丝炒匀。

❺ 加盐、鸡精、白糖、蚝油炒匀。

❻ 用水淀粉勾芡。

❼ 撒上少许胡椒粉拌炒均匀。

❽ 加入葱段炒匀。

❾ 盛出装盘即可。

小贴士

☺ 金针菇宜熟食，不宜生吃，变质的金针菇不要吃。

☺ 金针菇用保鲜膜封好存放，置于冰箱中可存放 1 周。

☺ 金针菇食用方式多样，可清炒、煮汤，亦可凉拌，是火锅的原料之一。

养生常识

★ 金针菇有抑制血脂升高、降低胆固醇和防治心血管疾病的作用，营养十分丰富，但是脾胃虚寒者不宜过多食用。

食物相宜

降脂降压

金针菇

+

豆腐

清热解毒

金针菇

+

豆芽

抗秋燥

金针菇

+

芹菜

彩椒炒肉皮

🕐 2分钟　　✂ 美容养颜
🔥 辣　　　　☺ 女性

　　买肉经常会有肉皮，这可是上好的胶原蛋白呀，别轻易扔了，加点彩椒炒食，就能变废为宝了。肉皮含有丰富的胶原蛋白，在烹饪过程中转化为明胶，它能改善组织细胞的储水功能，防止皮肤干燥出现褶皱，从而延缓皮肤的衰老，是女性的美容佳品。

材料		调料	
猪皮	200克	盐	2克
青椒	40克	白糖	2克
彩椒	30克	味精	1克
蒜末	5克	老抽	3毫升
豆豉	少许	水淀粉	适量
		料酒	适量
		食用油	适量

食材处理

❶ 将洗净的彩椒、青椒切丝。

❷ 把煮好的猪皮切去肥肉。

❸ 将猪皮切成丝，装入盘中。

❹ 肉皮丝加老抽抓匀，腌渍片刻。

❺ 锅注油烧热，倒入肉皮滑油。

❻ 捞出滑好的猪皮丝备用。

做法演示

❶ 锅留底油，放入蒜末煸香。

❷ 倒入青椒和彩椒炒匀。

❸ 倒入肉皮，加料酒炒片刻。

❹ 加盐、味精、白糖、豆豉。

❺ 翻炒至入味。

❻ 用水淀粉勾芡。

❼ 翻炒均匀。

❽ 出锅装入盘中即可食用。

养生常识

★ 猪皮味甘、性凉，有滋阴补虚、清热利咽的作用。

★ 肝病、动脉硬化、高血压患者不宜食用猪皮。

食物相宜

美容养颜

青椒

+

苦瓜

利于维生素的吸收

青椒

+

鸡蛋

促进消化、吸收

青椒

+

肉类

包菜炒腊肉

- 🕐 3分钟
- 🗡 降低血压
- ▦ 咸
- 🙂 老年人

　　腊肉恐怕是冬季南方最受欢迎的肉食了，肥肉部分那温润的油脂香和瘦肉部分特有的熏香，让人口水直流。将包菜与腊肉同炒，味道鲜美，让人赞不绝口。

材料		调料	
包菜	300 克	盐	2 克
腊肉	100 克	味精	1 克
干辣椒	3 克	白糖	2 克
蒜末	5 克	蚝油	5 毫升
姜片	5 克	水淀粉	适量
葱段	5 克	食用油	适量

食材处理

① 将洗净的包菜切成块。

② 将洗净的腊肉切成片。

③ 锅中加清水烧开，加少许食用油和盐。

④ 倒入包菜。

⑤ 煮片刻后捞出。

做法演示

① 用油起锅，倒入腊肉爆香。

② 加入蒜末、姜片，再放入葱段、干辣椒炒香。

③ 倒入包菜。

④ 放盐、味精、白糖和蚝油炒匀。

⑤ 加水淀粉勾芡，淋入熟油拌匀。

⑥ 盛入盘中即可。

小贴士

❂ 购买腊肉时，要选外表干爽、没有异味或酸味、肉色鲜明的；如果瘦肉部分呈现黑色，肥肉呈现深黄色，表示已经超过保质期，不宜购买。

食物相宜

补充营养，通便

包菜

＋

猪肉

健胃补脑

包菜

＋

黑木耳

益气生津

包菜

＋

西红柿

黄瓜炒火腿

⏱ 3分钟　　✂ 降压降糖
⚖ 清淡　　☺ 糖尿病患者

　　黄瓜炒火腿是一道家常美食。黄瓜富含多种营养素，多食能够提高人体免疫能力、抗衰老、养护肝脏、降低血糖、强身健体；火腿中也含有人体需要的蛋白质、脂肪、碳水化合物等营养物质，并且易于加工，口感好。这道菜肴充分结合了黄瓜和火腿的美味口感以及丰富营养，制作方法简单，是很容易就可以享受到的家常美味。

材料		调料	
黄瓜	500 克	盐	3 克
火腿肠	100 克	料酒	3 毫升
红椒	15 克	蚝油	3 毫升
姜片	5 克	味精	2 克
蒜末	5 克	白糖	3 克
葱白	5 克	水淀粉	10 毫升
		食用油	适量

❶ 将去皮洗净的黄瓜先切成条，再切成段。

❷ 将洗净的红椒先对半切开，再切成丝。

❸ 去除火腿肠外的包装，切成片。

❹ 热锅注油，烧至五成热后，倒入火腿肠拌匀。

❺ 待炸至暗红色时捞出备用。

做法演示

❶ 锅底留油，倒入姜片、蒜末、葱白、红椒炒匀。

❷ 倒入黄瓜段，拌炒片刻。

❸ 倒入火腿肠炒匀。

❹ 加料酒、蚝油、盐、味精、白糖。

❺ 拌炒均匀使其充分入味。

❻ 加入少许水淀粉。

❼ 快速拌炒均匀。

❽ 盛出装盘即可。

食物相宜

可助消化

黄瓜

+

苹果

可降血脂

黄瓜

+

豆腐

青豆炒火腿

⏱ 2分钟 ✂ 增强免疫力
△ 清淡 ☺ 一般人群

　　青豆炒火腿是一道小朋友喜欢吃的家常小菜。青豆炒食前要焯水，以去除豆腥味，且更容易炒熟，并能保持靓丽的色泽。红、黄的彩椒，翠绿的青豆，还有孩子们喜欢的火腿丁，能骗过很多挑食宝宝的眼睛，让他们充分享受均衡的营养和美味。

材料		调料	
青豆	150克	盐	3克
火腿	100克	味精	1克
彩椒丁	20克	白糖	2克
蒜末	5克	水淀粉	适量
姜片	5克	食用油	适量
葱白	5克		

① 将火腿切成条状，再改切成丁。

② 热水锅中倒入食用油、盐，倒入洗净的青豆略煮。

③ 用漏勺捞出备用。

④ 油锅烧至四成热，倒入火腿丁炸成米黄色。

⑤ 捞出沥干油备用。

做法演示

① 锅底留油，倒入姜片、蒜末、葱白、彩椒。

② 放入青豆炒香。

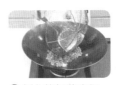

③ 倒入炸好的火腿。

④ 加盐、味精、白糖炒至入味。

⑤ 加入水淀粉勾芡。

⑥ 盛入盘中即可食用。

小贴士

☺ 青豆以色泽嫩绿、柔软、颗粒饱满、未浸水者为佳。

☺ 青豆用薄膜袋装好，扎口，装入有盖容器，置于阴凉、干燥、通风处保存即可。

食物相宜

提高营养价值

青豆

+

腐竹

可防止口臭

青豆

+

丝瓜

养生常识

★ 青豆含有丰富的维生素 C，不仅能抗坏血病，还能提高人体免疫力。

茶树菇炒肚丝

⏱ 4分钟　　✖ 增强免疫力

🌡 辣　　　　☺ 一般人群

　　菌菇类食物营养丰富，吃起来鲜美可口，怎么吃都不会腻。尤其是茶树菇，鲜脆爽滑，吃起来有股独特的清香味，还具有益气开胃、补肾滋阴、健脾胃、增强人体防病能力的作用，再加上补虚损、健脾胃的猪肚，美味势不可挡！

材料

茶树菇	100克
青椒	15克
红椒	15克
熟猪肚	200克
姜片	5克
蒜末	5克
葱白	5克

调料

盐	3克
蚝油	5毫升
料酒	5毫升
味精	1克
白糖	2克
鸡精	1克
老抽	3毫升
水淀粉	适量
芝麻油	适量
食用油	适量

① 将洗净的茶树菇切作两段。

② 将洗净的青椒对半切开，去籽，切成丝。

③ 将洗净的红椒对半切开，去籽，切成丝。

④ 将洗净的熟猪肚切成丝。

⑤ 锅中注水烧开，加盐、食用油，倒入茶树菇拌匀。

⑥ 焯片刻捞出。

做法演示

① 用油起锅，倒入姜片、蒜末、葱白。

② 加青椒、红椒丝炒香。

③ 倒入肚丝，加入料酒，炒香，去除腥味。

④ 倒入处理好的茶树菇。

⑤ 加入蚝油、盐、味精、白糖、鸡精炒约1分钟入味。

⑥ 加入少许老抽炒匀，上色。

⑦ 加少许水淀粉勾芡。

⑧ 淋入少许熟油、芝麻油炒匀。

⑨ 盛入盘中即可。

食物相宜

开胃消食

猪肚

+

金针菇

降低胆固醇

猪肚

+

生姜

荷兰豆炒香肠

🕐 4分钟　　✖ 美容瘦身

🔺 咸香　　🙂 女性

　　香肠除了直接蒸来吃，也可以搭配其他食材做些变化，方便需要添菜的时候随时端上桌。用香肠炒出来的菜不仅味道浓香，而且非常有嚼劲，让人唇齿留香。将荷兰豆混着香肠一炒，清香与咸香相融，鲜味与腊味相衬，妙不可言，简直就让人欲罢不能！

材料		调料	
荷兰豆	200克	盐	2克
香肠	100克	白糖	2克
姜片	5克	味精	2克
蒜片	5克	料酒	3毫升
红椒片	20克	水淀粉	适量
		食用油	适量

食材处理

❶ 将香肠切成片。

❷ 清水锅中加少许食用油烧开，倒入荷兰豆拌匀。

❸ 焯煮片刻捞出。

❹ 热油锅中倒入香肠拌匀。

❺ 炸至暗红色捞出。

做法演示

❶ 锅底留油，加姜片、蒜片、红椒片爆香。

❷ 倒入荷兰豆、香肠。

❸ 加盐、味精、白糖、料酒，炒至入味。

❹ 加水淀粉勾芡。

❺ 加少许熟油炒匀。

❻ 盛入盘中即可。

食物相宜

开胃消食

荷兰豆

蘑菇

健脾，通乳，利水

荷兰豆

红糖

小贴士

✪ 在烧菜之前，用一个干净的锅，加水，把水烧开后，放入荷兰豆。等水再次烧开后，将荷兰豆盛起，立即用冷水冲一下。用这个方法可以让你的菜肴呈现更鲜艳的色彩。

养生常识

★ 荷兰豆性平、味甘，具有和中下气、利小便、解疮毒的作用，能益脾和胃、生津止渴、除呃逆、止泻痢、解渴、通乳。

★ 荷兰豆与糯米、红枣煮粥食用，具有补脾胃、助暖祛寒、生津补虚、强肌健体的作用。

苦瓜炒猪肚

⏱ 3分钟　　❌ 增强免疫力

🔲 苦　　😊 一般人群

　　很多人对猪肚"谈之色变"，都感觉肥猪肚脏兮兮的。别看猪肚其貌不扬，其实只要将它处理干净，就可以烹调出各种美味佳肴。成菜的苦瓜炒猪肚就是一道色香味俱全的佳肴，软糯入味、咸鲜带辣。一块猪肚、一片苦瓜，一同入口，毫不油腻，滋味十足，甚是诱人！

材料		调料	
苦瓜	200克	料酒	5毫升
熟猪肚	150克	老抽	3毫升
豆豉	适量	蚝油	3毫升
蒜末	5克	盐	3克
姜片	5克	味精	1克
葱白	5克	白糖	2克
		水淀粉	适量
		淀粉	适量
		食用油	适量

食材处理

❶ 将洗净的苦瓜切成片。

❷ 将熟猪肚用斜刀切成片。

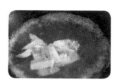

❸ 锅中加清水烧开，倒入猪肚汆水片刻。

❹ 用漏勺捞出备用。

❺ 锅中加少许淀粉，倒入苦瓜，焯1分钟。

❻ 用漏勺捞出焯好的苦瓜备用。

做法演示

❶ 用油起锅，倒入蒜末、姜片、葱白、豆豉爆香。

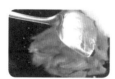

❷ 加入苦瓜炒匀。

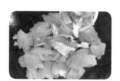

❸ 倒入猪肚，再淋上料酒。

❹ 加入老抽、蚝油、盐、味精、白糖，炒至入味。

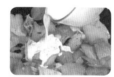

❺ 倒入水淀粉和熟油炒匀。

❻ 盛入盘中即可。

食物相宜

延缓衰老

苦瓜

+

茄子

可提高免疫力

苦瓜

+

洋葱

养生常识

★ 苦瓜减肥法需要坚持，并且需要每天吃最少2~3根苦瓜，同时补充必要的营养，因为单纯吃苦瓜并不能给身体提供必需的营养，减肥应该以保证身体健康为原则。

土豆脆腰

- 🕐 3分钟
- ✖ 补肾益气
- 🧂 咸香
- 😊 男性

　　腰子是猪的肾脏，多吃动物肾脏有养肾气、益精髓的作用，猪腰性平味咸，可助肾气。建议每周可吃一次动物肾脏。不过动物肾脏内胆固醇及嘌呤成分较高，"三高"人群应尽量少吃。这道土豆脆腰，清香不腻、质嫩可口，绝对是米饭的最佳拍档。

材料		调料	
土豆	300克	盐	3克
猪腰	150克	味精	1克
葱段	10克	料酒	5毫升
青椒丝	10克	淀粉	适量
红椒丝	10克	鸡精	1克
		蚝油	3毫升
		老抽	3毫升
		水淀粉	适量
		食用油	适量

食材处理

❶ 把洗净的猪腰对半剖开，切去筋膜。

❷ 切成细丝。

❸ 将去皮洗净的土豆切成条状。

❹ 猪腰放入碗中，加盐、味精抓匀。

❺ 撒上淀粉，抓匀入味，腌渍片刻。

❻ 锅中注水烧热，放入土豆，加少许盐拌匀。

❼ 焯约1分钟至熟，捞出沥水备用。

❽ 在原锅中再放入猪腰。

❾ 汆至断生，捞出沥水备用。

做法演示

❶ 起油锅，放入葱段、青椒丝、红椒丝爆香。

❷ 倒入猪腰，再淋入少许料酒炒匀。

❸ 倒入土豆条翻炒片刻。

❹ 转小火，加鸡精、盐、味精、蚝油、老抽调味。

❺ 炒至入味。

❻ 用水淀粉勾芡，转中火炒匀。

❼ 淋入熟油炒匀。

❽ 出锅装盘即成。

食物相宜

可缓解胃部疼痛

土豆

+

蜂蜜

调理肠胃，可防治肠胃炎

土豆

+

豆角

强身健体

土豆

+

牛肉

沙姜炒双心

🕐 7分钟　　🍴 开胃消食

🌶 辣　　　　😊 一般人群

　　猪心是一种营养十分丰富的食物，对加强心肌营养、增强心肌收缩力有很大的作用。但是猪心胆固醇含量偏高，"三高"人群应尽量少吃。沙姜炒双心这道菜既有姜的香辣味，又有菜心的清新，猪心经过腌渍，咸香味十足。这道菜没有那么多讲究，很简单，味道也还不错，不妨在家尝试着做做。

材料

菜心	150克
猪心	200克
沙姜	20克
青椒片	20克
红椒片	20克
蒜末	5克

调料

盐	3克
味精	1克
料酒	5毫升
蚝油	5毫升
水淀粉	适量
食用油	适量

① 将洗好的菜心修整齐；洗好的沙姜剁成碎末。

② 把洗净的猪心切片。

③ 猪心加料酒、盐、味精拌匀，腌渍 10 分钟。

做法演示

① 锅置旺火上，注油烧热。

② 倒入菜心略炒。

③ 加少许清水炒匀。

④ 加盐、味精调味，再加水淀粉勾芡。

⑤ 盛出菜心备用。

⑥ 另起油锅，倒入蒜末、青椒、红椒。

⑦ 倒入猪心拌炒约 2 分钟。

⑧ 倒入沙姜。

⑨ 加入盐、味精、蚝油翻炒至熟。

⑩ 加入少许水淀粉勾芡。

⑪ 盛在菜心上即可。

食物相宜

消除疲劳、补充体力、养心安神

猪心

+

苹果

缓解神经衰弱

猪心

+

胡萝卜

养生常识

★ 猪心可以营养心肌，有利于辅助功能性或神经性心脏疾病的康复。

洋葱炒牛肉

🕐 2分钟	✖ 增强免疫力
🔺 鲜	😊 一般人群

　　洋葱是老百姓餐桌上最常见的蔬菜，无论中餐还是西餐，洋葱的使用都非常普遍，营养也极其丰富；牛肉中含有丰富的蛋白质，氨基酸组成比猪肉更接近人体需要，能提高机体抗病能力。洋葱与牛肉同炒，吃起来营养又健康，并且不用担心发胖。

材料

牛肉	300克
洋葱	100克
红椒片	15克
姜片	5克
蒜末	5克
葱白	5克

调料

盐	3克
味精	1克
鸡精	1克
生抽	3毫升
白糖	2克
蚝油	5毫升
淀粉	适量
水淀粉	适量
辣椒酱	适量
食用油	适量

❶ 将洋葱去皮洗净切瓣，再切成片。

❷ 洗净的牛肉切片。

❸ 牛肉片加少许淀粉、生抽、盐、味精。

❹ 加入水淀粉拌匀，淋入少许食用油，腌渍 10 分钟至入味。

❺ 锅中注入 1000 毫升清水烧开，倒入牛肉，搅散，余至断生。

❻ 捞出余好的牛肉。

❼ 锅中注油，烧至五成热，倒入牛肉。

❽ 滑油约 1 分钟至熟，捞出备用。

❶ 锅置旺火上，注油烧热。

❷ 倒入姜片、蒜末、葱白爆香。

❸ 倒入洋葱、红椒片炒约半分钟。

❹ 倒入牛肉，加入盐、味精、鸡精、白糖、蚝油。

❺ 拌炒均匀，使牛肉入味。

❻ 加入辣椒酱炒匀。

❼ 加少许水淀粉勾芡。

❽ 盛出装盘即成。

补脾健胃

牛肉

＋

洋葱

延缓衰老

牛肉

＋

鸡蛋

荷兰豆炒牛肉

🕐 3分钟	✖ 益气补血
🌡 辣	☺ 女性

　　荷兰豆是营养价值较高的豆类食物之一，经常食用对增强人体加快新陈代谢功能有帮助作用，还能健脾和胃、生津止渴。荷兰豆虽然是极其普通的食材，但其鲜嫩的口感、清香的味道受到越来越多人的喜爱。这道菜荷兰豆脆嫩、牛肉爽滑，吃起来让人从味蕾到肠胃都极为享受。

材料

荷兰豆	200克
牛肉	150克
青椒	15克
红椒	15克
蒜末	5克
姜片	5克
葱白	5克

调料

盐	3克
味精	1克
鸡精	1克
耗油	适量
淀粉	适量
白糖	2克
老抽	5毫升
料酒	5毫升
水淀粉	适量
食用油	适量

食材处理

❶ 将洗净的青椒去籽，切成片。

❷ 将洗净的红椒去籽，切成片。

❸ 将荷兰豆先去筋，用清水冲洗后再切去两头。

❹ 将洗净的牛肉切片。

❺ 放入碗中，加淀粉、老抽、盐、味精拌匀，再加水淀粉抓匀。

❻ 淋入食用油，腌渍片刻。

做法演示

❶ 锅中注油烧热，倒入腌渍好的牛肉。

❷ 滑炒片刻，捞起。

❸ 锅底留油，下蒜末、姜片、葱段，倒入处理好的荷兰豆。

❹ 加入切好的青椒、红椒。

❺ 淋入料酒，炒匀。

❻ 倒入滑油后的牛肉。

❼ 加蚝油、盐、味精、白糖炒匀。

❽ 炒至熟透。

❾ 出锅盛入盘中即可食用。

食物相宜

开胃消食

荷兰豆

+

蘑菇

健脾，通乳

荷兰豆

+

红糖

小贴士

◎ 新鲜牛肉有光泽，肌肉红色均匀；肉的表面微干或湿润，不黏手。

蒜薹牛肉粒

⏱ 4分钟   ✂ 防癌抗癌

🔥 辣   😊 一般人群

  蒜薹与肉可谓是黄金搭档，吃腻了猪肉，不妨用牛肉粒来搭配，不同的口感一样诱人。蒜薹牛肉粒是一道几分钟就能做好的简单家常菜，牛肉的细腻嫩滑与蒜薹的浓香微辣搭配得恰到好处，不仅是孩子们喜欢的营养美食，也是上班族们理想的快手佳肴。

材料		调料	
蒜薹	100克	盐	3克
牛肉	300克	淀粉	适量
红椒粒	15克	生抽	3毫升
姜片	5克	味精	1克
蒜末	5克	蚝油	5毫升
葱白	5克	水淀粉	适量
葱花	5克	食用油	适量

❶ 将洗净的蒜薹切成丁。

❷ 将洗净的牛肉切成粒。

❸ 牛肉粒加入盐、淀粉、生抽、味精拌匀。

❹ 加水淀粉拌匀，加食用油腌渍10分钟。

❺ 热锅注油，烧至三成热，倒入蒜薹拌匀。

❻ 滑油片刻至断生后捞出。

❼ 油温至五成热，倒入牛肉粒。

❽ 滑油至变色捞出。

做法演示

❶ 锅留底油，倒入姜片、蒜末、葱白、红椒粒爆香。

❷ 倒入蒜薹炒匀。

❸ 倒入滑过油的牛肉粒。

❹ 加入盐、生抽、味精、蚝油调味，炒约1分钟。

❺ 将做好的菜盛入盘内。

❻ 撒入葱花即可。

食物相宜

预防牙龈出血

蒜薹

＋

生菜

降低血脂

蒜薹

＋

黑木耳

养生常识

★ 肝病患者忌过量食用，有可能造成肝功能障碍，引起肝病加重。

油面筋牛肚炒香菇

🕐 4分钟　　✂ 开胃消食
🌡 辣　　😊 一般人群

　　油面筋是一种传统的油炸面食，色泽金黄、表面光滑、味香柔韧，吃起来鲜美爽口，并且含有丰富的蛋白质、脂肪及碳水化合物，有补气的作用。以油面筋为食材的菜肴做法很多，可以与各种肉类搭配，也可以放在汤里。油面筋、牛肚、香菇同炒食，香滑适口，韵味十足。

材料		调料	
油面筋	100克	盐	3克
熟牛肚	200克	味精	1克
鲜香菇	40克	白糖	1克
红椒片	20克	水淀粉	适量
葱白	5克	生抽	3毫升
姜片	5克	老抽	3毫升
蒜末	5克	蚝油	3毫升
		料酒	适量
		食用油	适量

食材处理

❶ 将洗好的油面筋切成块。

❷ 将洗净的鲜香菇切成片。

❸ 将熟牛肚切片。

❹ 锅中注水烧开，倒入香菇，加盐拌匀，煮沸。

❺ 捞出煮好的香菇。

做法演示

❶ 锅中注油烧热，倒入姜片、蒜末、葱白、红椒片。

❷ 放入焯水后的香菇片。

❸ 放入切好的牛肚，加料酒炒香。

❹ 加生抽、老抽和蚝油炒匀。

❺ 加入少许清水焖煮约2分钟入味。

❻ 倒入油面筋翻炒匀，加入盐、味精、白糖拌匀。

❼ 用水淀粉勾芡，淋入熟油拌匀。

❽ 在锅中翻炒片刻直至入味。

❾ 盛出装盘即可。

食物相宜

减脂降压

香菇

木瓜

有助于吸收营养

香菇

豆腐

提高免疫力

香菇

青豆

豆角炒羊肉

🕐 3分钟　　✖ 保肝护肾

▢ 咸香　　☺ 男性

　　羊肉肉质细嫩爽滑，鲜而弥香，容易消化，老少皆宜，抵御寒冷再好不过。用新鲜的豆角炒羊肉，口感美妙，不腻不膻，荤素搭配，营养也更均衡，是一道食疗养生的小炒，可补虚强身。

材料

豆角	150克
羊肉	100克
胡萝卜丝	20克
蒜末	5克
姜片	5克
葱白	5克

调料

蚝油	5毫升
味精	1克
盐	3克
白糖	2克
料酒	5毫升
生抽	3毫升
水淀粉	适量
淀粉	适量
食用油	适量

食材处理

❶ 将洗净的豆角切成段。

❷ 将洗净的羊肉切片。

❸ 羊肉加盐、味精、淀粉、料酒、生抽拌匀。

做法演示

❶ 热锅注油，烧至三成热，倒入豆角、胡萝卜丝。

❷ 滑油片刻捞出。

❸ 倒入羊肉滑油片刻。

❹ 捞出滑好油的羊肉。

❺ 锅底留油，放入蒜末、姜片、葱白爆香。

❻ 倒入豆角、胡萝卜。

❼ 倒入羊肉。

❽ 淋上料酒炒香。

❾ 加蚝油、味精、盐、白糖炒入味。

❿ 加水淀粉勾芡。

⓫ 盛入盘中即可。

食物相宜

增强免疫力

羊肉

香菜

延缓衰老

羊肉

鸡蛋

京葱羊里脊

⏱ 4分钟　　✖ 开胃消食
🧂 鲜　　😊 一般人群

　　羊里脊是紧靠脊骨后侧的小长条肉，纤维细长，质地软嫩，容易消化，高蛋白、低脂肪、富含磷脂。冬季吃羊肉，不仅可以增加人体热量，抵御寒冷，而且还能增加消化酶，保护胃酸，修复胃黏膜，帮助脾胃消化，起到抗衰老的作用。大葱与羊肉同炒食，可以去除羊肉的腥膻味，产生的特殊的浓郁香味还有较强的杀菌作用。

材料		调料	
羊里脊	150克	料酒	5毫升
青椒	20克	蚝油	5毫升
红椒	20克	盐	3克
大葱	60克	味精	1克
蒜末	5克	水淀粉	适量
姜片	5克	淀粉	适量
		食用油	适量

❶ 将洗净的大葱切成段。

❷ 将青椒、红椒对半切开，再切成片。

❸ 将处理好的羊肉切成片。

❹ 羊肉加盐、味精、淀粉拌匀。

❺ 倒入水淀粉、食用油腌渍10分钟入味。

做法演示

❶ 热锅注油，烧至四五成热，倒入羊肉。

❷ 羊肉滑油片刻后捞出备用。

❸ 锅底留油，放入蒜末、姜片、青椒、红椒爆香。

❹ 倒入大葱。

❺ 拌炒均匀。

❻ 倒入羊肉，加料酒、蚝油、盐、味精翻炒至熟。

❼ 加入水淀粉，淋入熟油。

❽ 快速炒匀。

❾ 盛入盘内即可。

食物相宜

缓解腹痛

羊肉

生姜

健脾胃

羊肉

山药

降低血压

羊肉

芹菜

酱爆羊肉

⏱ 4分钟　　✂ 增强免疫力
△ 鲜　　☺ 一般人群

　　羊肉肉质细嫩味香，营养丰富，而且热量高，食用后能增强人体的御寒能力。体质虚弱的人，在严寒的冬季多吃羊肉大有好处。酱爆羊肉咸甜适中，酱香浓郁，风味独特，好吃的同时，更能收到温补的效果，是一道不错的美味养生菜。

材料		调料	
羊肉	400克	生抽	5毫升
红椒片	60克	料酒	5毫升
青椒片	60克	盐	3克
姜片	25克	味精	1克
蒜苗段	20克	水淀粉	适量
		白糖	2克
		蚝油	5毫升
		柱侯酱	适量
		辣椒酱	适量
		食用油	适量

食材处理

❶ 将洗净的羊肉切成薄片。

❷ 将切好的羊肉片装入碗中。

❸ 加入生抽、料酒、盐、味精抓匀。

❹ 加入少许水淀粉抓匀。

❺ 淋入少许食用油，拌匀后腌渍 10 分钟入味。

做法演示

❶ 炒锅热油，放入姜片、蒜梗。

❷ 倒入红椒片、青椒片略炒。

❸ 倒入腌渍好的羊肉片。

❹ 加料酒、柱侯酱、辣椒酱炒2分钟至熟透。

❺ 淋入少许水。

❻ 加盐、白糖、蚝油炒匀。

❼ 放入蒜叶。

❽ 炒匀至入味。

❾ 盛出装盘即可。

养生常识

★ 肝炎患者忌吃羊肉。

★ 吃羊肉时最好搭配凉性和甘平性的蔬菜，能起到清凉、解毒、去火的作用。

食物相宜

可抗压美容

红椒

＋

茄子

补血

红椒

＋

猪肝

促进肠胃蠕动

红椒

＋

紫甘蓝

韭黄羊肚丝

⏰ 3分钟	✖ 开胃消食
🔺 咸香	☺ 一般人群

　　韭黄羊肚丝是一道色香味俱全的名肴。羊肚营养价值很高，而且吃法多种多样，可爆炒，也可做汤。众多吃法中，韭黄羊肚丝的营养、味道、口感更胜一筹。羊肚丝爆炒，脆脆的口感让人回味，韭黄清新鲜香让人迷恋。成菜香而不辣、脆嫩爽口，是极好的下饭菜。

材料

韭黄	250 克
熟羊肚	350 克
青椒	25 克
红椒	25 克

调料

料酒	5 毫升
盐	3 克
味精	1 克
鸡精	2 克
水淀粉	适量
食用油	适量

食材处理

❶ 将清洗干净的韭黄切段。

❷ 将熟羊肚切丝。

❸ 将洗净的红椒去籽，切丝，再将洗净的青椒去籽，切丝。

做法演示

❶ 热锅注油，放入切好的羊肚丝。

❷ 加料酒提鲜。

❸ 倒入切好的韭黄。

❹ 加入准备好的青椒丝、红椒丝，炒匀。

❺ 放盐、味精、鸡精调味。

❻ 用水淀粉勾芡，淋入食用油炒匀。

❼ 翻炒片刻至熟透。

❽ 出锅装盘即成。

小贴士

✿ 切羊肚时，一定要逆着肌肉的纹路下刀。

✿ 羊肚一定要买新鲜的，最好是小羊的羊肚，如果是老羊的羊肚则会影响口感。

食物相宜

壮阳

韭黄

+

虾

防治心血管疾病

韭黄

+

豆腐

养生常识

★ 羊肚适宜胃气虚弱、反胃、不食以及盗汗、尿频者食用。

★ 羊肚补虚，健脾胃。对虚劳羸瘦、食欲不振、消渴、盗汗、尿频等有辅助治疗的作用。

★ 羊肚尤其适宜体质羸瘦、虚劳衰弱者食用。

第4章

禽蛋类：软滑好味道

　　从大排档、路边摊，到高级酒店、会所，禽蛋类食材都能做出食客们喜闻乐见的美味。禽蛋类食材人们可以很容易地从超市、商贩那里获得，借助不同的烹饪技法与多种食材搭配，稍加调味即可获得至鲜至美的味觉体验。

韭黄炒鸡丝

🕐 2分钟　🍴 保肝护肾
🔺 清淡　😊 男性

　　韭黄炒鸡丝是很简单的一道小炒菜，也是很下饭的美味家常菜。鸡肉肉质细嫩，滋味鲜美，含丰富的蛋白质，而且消化率高，很容易被人体吸收利用。韭黄比起韭菜更加脆嫩爽口，并且没有那么重的异味，更易于让人接受。成菜鲜香嫩滑，色泽红、黄、白相间，养眼又美味。

材料		调料	
鸡胸肉	250 克	盐	3 克
韭黄	300 克	味精	1 克
水发香菇丝	50 克	水淀粉	适量
红椒丝	20 克	料酒	5 毫升
蒜末	5 克	食用油	适量

❶ 将洗净的韭黄切
成段。

❷ 将洗好的鸡胸肉
切丝。

❸ 鸡丝加盐、味精、
水淀粉、食用油拌匀，
腌渍片刻。

❹ 锅置旺火上，注油
烧热。

❺ 倒入鸡丝滑油片
刻，捞出。

做法演示

❶ 锅留底油，倒入红
椒丝、香菇丝、蒜末
和韭黄翻炒。

❷ 锅中倒入肉丝。

❸ 加入料酒、盐、味
精炒匀。

❹ 加入少许水淀粉
勾芡。

❺ 盛入盘内即可。

小贴士

✪ 韭黄的炒制时间不要太长，以免破坏营养，影响其鲜嫩的口感。

食物相宜

补五脏、益气血

鸡肉

＋

枸杞子

增强食欲

鸡肉

＋

柠檬

养生常识

★ 消化不良、肠胃
不好者不宜多食
韭黄。

胡萝卜炒鸡丝

🕐 3分钟　　✖ 增强免疫力
🍶 鲜　　　　☺ 一般人群

　　胡萝卜是深受大家喜爱的美食之一，不少人喜欢生食胡萝卜，其实胡萝卜煮熟后食用效果更好，能够增强人体免疫力、保护视力等。胡萝卜炒鸡丝色香味俱全，胡萝卜香甜的味道，配上鸡丝的鲜香味，使整道菜芳香四溢、色味俱佳、营养丰富、老幼皆宜。

材料

胡萝卜	200克
鸡胸肉	300克
姜丝	5克
蒜末	5克
葱白	5克
葱叶	5克

调料

料酒	4毫升
盐	3克
味精	2克
鸡精	1克
水淀粉	适量
食用油	适量

食材处理

❶ 把去皮洗净的胡萝卜切段，切片后再切成丝。

❷ 鸡胸肉洗净，切片，再切成丝，装入碗中。

❸ 鸡肉加盐、味精、水淀粉、食用油拌匀，腌渍 10 分钟。

❹ 锅中加水烧开，倒入胡萝卜，焯煮约 1 分钟捞出。

❺ 热锅注油，烧至四成热时，倒入鸡肉丝拌匀。

❻ 滑油 1 分钟至变白捞出。

做法演示

❶ 锅底留油，倒入姜丝、蒜末、葱白爆香。

❷ 倒入焯水后的胡萝卜丝。

❸ 加入滑过油的鸡肉丝。

❹ 加料酒、盐、味精、鸡精炒 1 分钟至入味。

❺ 加水淀粉勾芡。

❻ 倒入葱叶炒匀。

❼ 加入少许熟油炒匀。

❽ 盛出装盘即可。

食物相宜

滋补强身

鸡肉

╋

人参

排毒养颜

鸡肉

╋

冬瓜

第 4 章 禽蛋类：软滑好味道 **125**

荷兰豆炒鸡柳

🕐 3分钟　　❌ 开胃消食

📊 鲜　　　　😊 一般人群

　　荷兰豆含有丰富的膳食纤维，可以预防便秘，且有清肠的作用。鸡肉是肉类中热量较低的一种，非常适合夏季食用，且鸡肉中丰富的营养，完全可以满足人体日常的消耗。成菜鸡柳嫩滑，荷兰豆脆生爽口，虽然都是普通的食材，但吃起来却让人从味蕾到肠胃都极为享受。

材料

荷兰豆	100克
鸡胸肉	150克
姜片	5克
蒜片	5克
红椒丝	20克
葱段	5克

调料

盐	3克
味精	1克
白糖	2克
料酒	5毫升
蛋清	适量
水淀粉	适量
食用油	适量

食材处理

❶ 把洗净的荷兰豆切去头尾。

❷ 将洗净的鸡胸肉切成柳条状。

❸ 将鸡柳加盐、味精、料酒、蛋清拌匀。

❹ 倒入水淀粉拌匀，淋入食用油，腌渍10分钟至入味。

❺ 热锅注油，烧至四成热，放入鸡柳拌匀。

❻ 鸡柳滑油片刻后捞出备用。

做法演示

❶ 锅底留油，倒入姜片、蒜片、红椒丝、葱段。

❷ 倒入荷兰豆，淋入料酒炒匀。

❸ 倒入鸡胸肉翻炒至熟透。

❹ 加盐、味精、白糖调味。

❺ 用中火炒至入味。

❻ 用水淀粉勾芡。

❼ 转小火，快速炒匀。

❽ 出锅装盘即成。

食物相宜

开胃消食

荷兰豆

＋

蘑菇

健脾，通乳

荷兰豆

＋

红糖

养生常识

★ 荷兰豆适合脾胃虚弱、小腹胀满、呕吐泻痢、产后乳汁不下、烦热口渴者食用。

★ 儿童宜多食荷兰豆，有助于增强身体免疫力。

双芽炒鸡脦

⏱ 4分钟　❌ 清热解毒　⬛ 清淡　☺ 一般人群

　　鸡脦是补铁佳品，无论是爆炒还是酱炖，总是不失韧劲，口感非常好。绿豆芽、黄豆芽富含膳食纤维，是便秘患者的健康蔬菜。鸡脦切薄片、腌渍、余烫后，与绿豆芽、黄豆芽同炒，只需要几分钟，一道色香味俱全的下饭、下酒菜就摆在面前了。成菜脆韧适中，特别爽口，虽然是荤菜，可是一点都不腻。

材料		调料	
绿豆芽	70克	盐	3克
黄豆芽	70克	味精	1克
鸡脦	150克	鸡精	1克
彩椒丝	20克	水淀粉	适量
蒜末	5克	料酒	5毫升
姜片	5克	老抽	5毫升
葱白	5克	淀粉	适量
		食用油	适量

食材处理

❶ 将洗净的鸡胗先切花刀再切片。

❷ 鸡胗加盐、味精、料酒、淀粉拌匀，腌渍1分钟。

❸ 锅中加水烧开，加盐、油，倒入洗净的黄豆芽拌匀。

❹ 煮沸后捞出备用。

❺ 倒入鸡胗拌匀。

❻ 鸡胗焯烫片刻后捞出备用。

做法演示

❶ 炒锅热油，倒入彩椒丝、蒜末、姜片、葱白。

❷ 倒入鸡胗，加料酒、老抽炒香。

❸ 加黄豆芽略炒匀。

❹ 倒入绿豆芽炒匀。

❺ 加入盐、味精、鸡精翻炒至入味。

❻ 加入水淀粉勾芡。

❼ 淋入熟油拌匀。

❽ 装入盘中即可。

食物相宜

通乳汁，美白润肤

绿豆芽

＋

鲫鱼

排毒利尿

绿豆芽

＋

陈皮

蒜薹炒鸡胗

🕐 4分钟　　✖ 增强免疫力
🔺 咸香　　　☺ 一般人群

　　蒜薹和鸡胗搭配起来，非常美味。鸡胗切片、腌渍、焯烫，蒜薹焯烫，然后入锅同炒，调味即可。成菜吃起来脆生，鸡胗非常有嚼劲，一切都让你口水直流，此时再来一碗米饭，那叫一个更教人满足。

材料

蒜薹	200克
鸡胗	50克
姜片	5克
葱白	5克

调料

料酒	5毫升
盐	3克
味精	1克
淀粉	适量
老抽	3毫升
水淀粉	适量
食用油	适量

❶ 将洗净的蒜薹切成段。

❷ 将洗好的鸡胗打花刀，再切成片。

❸ 鸡胗加盐、味精。

❹ 倒入淀粉拌匀，腌渍 10 分钟。

❺ 锅中加清水烧热，加入食用油、盐。

❻ 倒入蒜薹。

❼ 煮沸捞出。

❽ 倒入鸡胗。

❾ 煮沸捞出。

做法演示

❶ 用油起锅，加姜片爆香。

❷ 倒入鸡胗。

❸ 加料酒炒香，再加入老抽上色。

❹ 倒入蒜薹，加少许清水炒至熟。

❺ 加盐、味精、葱白炒匀。

❻ 倒入水淀粉勾芡。

❼ 用小火炒匀。

❽ 盛入盘中即可。

食物相宜

预防牙龈出血

蒜薹

＋

生菜

降低血脂

蒜薹

＋

黑木耳

降脂降压

蒜薹

＋

山药

尖椒爆鸭

🕐 3分钟　　✂ 养心润肺
⚠ 辣　　　　😊 男性

　　鸭肉营养价值很高，尤其适合冬季食用。鸭肉还具有补肾、消水肿、止咳化痰的作用。尖椒爆鸭丝虽然没有川菜典型的麻辣味，但是其浓郁的姜辣味同样突显了川菜特有的味浓、味厚的风格。成菜味道香浓、口感丰富，下酒又下饭、老少皆宜。

材料		调料	
熟鸭肉	200 克	盐	3 克
辣椒	100 克	豆瓣酱	10 克
干辣椒	3 克	味精	1 克
蒜末	5 克	白糖	2 克
姜片	5 克	料酒	5 克
葱段	5 克	老抽	3 毫升
		生抽	3 毫升
		食用油	适量

1 将鸭肉斩成块。

2 将洗净的辣椒去籽,切成片。

3 油锅烧热,倒入鸭块,小火炸约2分钟捞出。

做法演示

1 锅留底油,倒入蒜末、姜片、葱段、干辣椒煸香。

2 倒入炸好的鸭块翻炒片刻。

3 加豆瓣酱炒匀。

4 淋入料酒、老抽、生抽炒匀。

5 倒入少许清水,煮沸后加盐、味精、白糖调味。

6 倒入辣椒片,拌炒至熟。

7 加入少许水淀粉,快速炒匀。

8 撒入剩余的葱段炒匀。

9 盛入盘内即成。

食物相宜

滋阴润肺

鸭肉

芥菜

滋润肌肤

鸭肉

金银花

小贴士

☺ 炒制时要用大火,以保证成菜口感脆嫩。

☺ 加入少许啤酒,味道会更好。

芹菜炒鸭肠

🕐 3分钟　　✖ 降压降糖

🝪 鲜　　　　☺ 高血压患者

　　自从武汉的鸭脖子名扬全国后，市场上卖鸭子的"副产品"也多了起来，鸭翅、鸭腿、鸭舌、鸭架，让人看得目不暇接。鸭肠因其筋道的口感也越发受到人们的喜爱。鸭肠还富含蛋白质、多种维生素和微量元素，对人体新陈代谢、消化功能和视觉的维护都有良好的作用。

材料		调料	
芹菜梗	250克	盐	4克
鸭肠	200克	料酒	10毫升
姜片	10克	味精	1克
葱白	10克	水淀粉	适量
红椒	20克	食用油	适量

① 将洗净的鸭肠切成段。

② 将洗净的芹菜梗切段。

③ 将洗净的红椒去籽，切丝。

④ 锅注水烧开，加料酒、盐，放入鸭肠汆去异味。

⑤ 汆断生后捞出。

做法演示

① 炒锅注油烧热，放入姜片、葱白爆香。

② 倒入汆水后的鸭肠翻炒一下。

③ 放入红椒、芹菜。

④ 淋入料酒炒至熟。

⑤ 加入少许盐、味精炒匀。

⑥ 用水淀粉勾芡，炒匀至入味。

⑦ 盛入盘中即成。

小贴士

☺ 要选用色泽鲜绿、叶柄厚实、茎部稍呈圆形、内侧微向内凹的芹菜。

☺ 选购鸭肠时，如果色泽变暗，说明质量差，不宜选购。

食物相宜

降低血压

芹菜

+

西红柿

增强免疫力

芹菜

+

牛肉

平肝健胃

芹菜

+

鸡蛋

芙蓉豆瓣

⏰ 2分钟	✂ 养心润肺
🔺 鲜	🙂 一般人群

　　所谓"芙蓉"，就是将蛋清倒入热油中，起泡沫后捞出，然后将蚕豆、蛋清、火腿末炒匀、调味、出锅装盘，这样清清爽爽的芙蓉豆瓣就做成了。成菜白、绿相间，色泽清新淡雅，营养也毫不逊色。尤其是蚕豆富含蛋白质、多种维生素及矿物质，可以增强记忆力，降低胆固醇，延缓动脉硬化。

材料

蚕豆	100克
鸡蛋	3个
火腿	15克

调料

盐	3克
味精	1克
鸡精	3克
食用油	适量

❶ 将鸡蛋取蛋清，盛入碗中。

❷ 锅中加约800毫升清水烧开，倒入蚕豆，煮约1分钟。

❸ 将煮好的蚕豆捞出来。

❹ 盛入碗中，加适量清水，浸泡片刻。

❺ 剥去蚕豆的外壳，取蚕豆仁备用。

❻ 将火腿放入热水锅中煮约3分钟至熟。

❼ 将煮好的火腿捞出来。

❽ 将火腿切碎，再剁成末。

❾ 热锅注油，烧至三成熟，倒入蛋清。

❿ 蛋清起泡沫状后捞出，装盘。

⓫ 将炸好的蛋清分成小块。

做法演示

❶ 用油起锅，倒入蚕豆炒香。

❷ 倒入蛋清，炒匀。

❸ 加入盐、味精、鸡精，炒匀调味。

❹ 倒入火腿末炒匀。

❺ 继续翻炒片刻。

❻ 盛出装盘即可。

利尿、清肺

蚕豆

＋

白菜

清肝祛火

蚕豆

＋

枸杞子

增强记忆力

蚕豆

＋

芹菜

韭菜花炒鸡蛋

⏱ 2分钟　　✂ 开胃消食
🎒 清淡　　☺ 孕产妇

　　韭菜花的茎像葱，入口柔软又有韧性，还有淡淡的辣味，不仅爽口，而且很下饭。将韭菜花与鸡蛋同炒，营养又美味。经常吃点韭菜类的蔬菜，有增强食欲、促进消化、杀菌的作用。

材料		调料	
韭菜花	200克	盐	3克
鸡蛋	2个	鸡精	1克
		食用油	适量

食材处理

❶ 将洗净的韭菜花切成 2 厘米长的段。

❷ 鸡蛋打入碗中，加少许盐、鸡精。

❸ 用打蛋器朝一个方向搅匀。

做法演示

❶ 锅注油，烧热后倒入韭菜花炒匀。

❷ 加入盐炒匀调味。

❸ 倒入蛋液摊匀。

❹ 翻炒约 1 分钟至熟透。

❺ 起锅，盛入盘中即可食用。

小贴士

✪ 要选用新鲜、脆嫩的韭菜花。

✪ 韭菜花洗净后要控干水分，这样可使鸡蛋和韭菜花粘在一起。

✪ 炒制时加入少许芝麻油，可以使炒出来的菜肴更加鲜香。

✪ 此菜肴味道鲜美，不要加口味较重的调料。

✪ 倒入鸡蛋炒制时，火不要太大。

食物相宜

缓解便秘

韭菜花

豆腐

补肾，止痛

韭菜花

鸡蛋

增强食欲

韭菜花

红椒

韭黄炒鸡蛋

⏱ 2分钟　　✂ 防癌抗癌
🍱 清淡　　😊 男性

　　说起韭黄，最好的搭档非鸡蛋莫属了。韭黄炒鸡蛋是一道常食用的家常菜，也是一道备受欢迎的宴客菜，还是补肾益肝、健胃润肠的美味佳肴，深受大家喜爱。由于鸡蛋比韭黄吃盐，所以盐要分开放。用少量盐爆炒过的韭黄，会有其本身的蔬菜汁液析出，再与鸡蛋混合，会更入味、更好吃。

材料		调料	
韭黄	100克	盐	2克
鸡蛋	2个	鸡精	1克
		味精	1克
		食用油	适量

食材处理

❶ 把洗净的韭黄切成约 3 厘米长的段。

❷ 蛋液中加入少许盐、鸡精。

❸ 用筷子朝一个方向搅散。

❹ 炒锅注油烧热，倒入蛋液煎至成形。

❺ 盛出已炒好的鸡蛋备用。

做法演示

❶ 另起锅注油，烧热，倒入韭黄炒片刻。

❷ 加入盐、鸡精、味精炒匀至韭黄熟透。

❸ 倒入炒好的鸡蛋。

❹ 拌炒均匀。

❺ 盛入盘中即成。

食物相宜

增强免疫力

鸡蛋

干贝

保肝护肾

鸡蛋

韭菜

小贴士

✪ 韭黄不要炒太久，以免炒出过多水分，影响成品外观和口感。

✪ 加入少许芝麻油，味道会更好。

西红柿炒鸡蛋

⏰ 3分钟　　✂ 美容养颜
🔼 酸　　　😊 女性

　　西红柿炒鸡蛋是很多人从小吃到大的菜肴，永远吃不腻，也是餐桌上经久不衰的菜肴。这道菜基本上人人都会做，只是方法和口味上不尽相同。这么简单的一道菜，其在美食界的王者地位却无法撼动，原因在于它既拥有酸甜鲜美的滋味，还有完美的营养搭配。

材料

西红柿	200克
鸡蛋	3个
姜	5克
蒜末	5克
葱白	5克
葱花	5克

调料

盐	3克
鸡精	1克
白糖	2克
水淀粉	适量
番茄汁	适量
芝麻油	适量
食用油	适量

食材处理

❶ 将洗净的西红柿切成块。

❷ 鸡蛋打入碗中，加入适量盐、鸡精、水淀粉。

❸ 搅散备用。

做法演示

❶ 锅置大火上，注油烧热，倒入蛋液拌匀。

❷ 翻炒至熟。

❸ 将炒好的鸡蛋盛入盘中备用。

❹ 用油起锅，倒入葱白、姜、蒜末，爆香。

❺ 倒入西红柿炒约 1 分钟至熟。

❻ 加入盐、鸡精、白糖。

❼ 倒入炒好的鸡蛋翻炒匀。

❽ 淋入番茄汁炒匀入味。

❾ 加少许水淀粉勾芡。

❿ 淋入少许芝麻油，翻炒均匀。

⓫ 将做好的菜盛入盘内。

⓬ 撒上葱花即可。

食物相宜

抗衰老

西红柿

＋

鸡蛋

补血养颜

西红柿

＋

蜂蜜

养生常识

★ 儿童和女性可以多食用本菜，但高胆固醇者不宜过多食用。

腊八豆炒鸡蛋

⏱ 2分钟	✕ 增强免疫力
🧪 鲜	☺ 一般人群

　　腊八豆是湖南的特色食品之一。大体的做法为：将黄豆用清水泡胀后煮至烂熟，捞出沥干摊凉后放入容器中发酵，发酵好后再用调料拌匀放入坛子中腌渍。多在每年立冬后开始腌渍，至腊月八日后食用，因此称为"腊八豆"。腊八豆制成后有一种特殊的香味，且异常鲜美，用于炒鸡蛋，超级开胃下饭。

材料		调料	
鸡蛋	2个	盐	2克
腊八豆	40克	水淀粉	适量
青豆	20克	食用油	适量
葱花	5克		

食材处理

❶ 锅中加清水，倒入少许油，烧开。

❷ 倒入洗净的青豆煮约1分钟至熟。

❸ 捞出煮好的青豆。

❹ 将鸡蛋打入碗中，打散。

❺ 加入葱花、盐。

❻ 倒入青豆，搅匀，加水淀粉拌匀。

做法演示

❶ 用油起锅，先倒入蛋液。

❷ 中火炒至熟。

❸ 放入腊八豆。

❹ 快速炒匀调味。

❺ 盛出装盘即可。

食物相宜

清心安神

鸡蛋

+

百合

降低胆固醇

鸡蛋

+

黄豆

小贴士

✿ 青豆一定要煮熟，否则太硬，影响菜品口感。

✿ 青豆煮好后可以过冷水，以保证其翠绿的外观。

第5章

水产海鲜类:
香嫩真鲜美

水产海鲜是很多人心目中的最爱,这些餐桌上的"明星"有着香嫩爽滑的肉质,吃起来更营养、健康。人们在选用这类食材时,格外注重一个"鲜"字和一个"活"字;在某一种水产集中上市的时节,总能轻易勾起人们对美味的遐想;极具特色的做法在充分调动人们食欲的同时,也能让人吃到尽兴。

荷兰豆炒鱼片

⏰ 4分钟　❌ 增强免疫力
🔺 鲜　😊 女性

　　既能最大限度地调动人的味蕾，又能让人只吃少量的食物就能满足人体所需的营养物质，既要吃得爽，又要吃得健康——荷兰豆炒鱼片最好。荷兰豆营养丰富、质地脆嫩、味道清甜，草鱼肉肉质细腻、肉味鲜美、营养价值高，二者同炒成菜，既可以衬托出鱼肉细嫩鲜美之味，也使成菜吃起来更清香味美。

材料		调料	
荷兰豆	100 克	淀粉	适量
草鱼肉	200 克	料酒	5 毫升
蛋清	适量	盐	3 克
红椒片	20 克	味精	1 克
姜片	5 克	水淀粉	适量
葱白	5 克	食用油	适量

❶ 将洗净的鱼肉剔除
腩骨，切成薄片，装
入碗中。

❷ 加盐、味精、蛋清、
淀粉、食用油，拌匀
腌渍。

❸ 加食用油、盐入沸
水锅中，倒入洗净的
荷兰豆。

❹ 焯煮约 1 分钟至
熟捞出。

❺ 油锅烧至四成热，
倒入鱼片滑油片刻。

❻ 用漏勺捞出备用。

做法演示

❶ 锅底留油，先倒入
红椒片、姜片、葱白
爆香。

❷ 倒入荷兰豆。

❸ 淋上料酒。

❹ 加入盐。

❺ 撒上味精翻炒至
入味。

❻ 加入鱼片。

❼ 淋入水淀粉，翻炒
片刻至熟后淋上熟油。

❽ 盛入盘中即可。

食物相宜

增强免疫力

草鱼

+

豆腐

祛风、清热、平肝

草鱼

+

冬瓜

五彩鱼丝

⏱ 5分钟　　✂ 益气补血
🔺 清淡　　😊 女性

　　五彩鱼丝，有点大杂烩的意思，主要食材有草鱼肉、彩椒、韭菜、胡萝卜、木耳、米粉，食材多样，营养均衡。将所有食材都切成丝状，将鱼肉腌渍，其余材料焯水，然后入锅同炒，调味即可。成菜色泽鲜艳、鲜嫩爽口、丝丝入味，吃过的人都不禁啧啧称赞。

材料

彩椒	60克
韭菜	40克
胡萝卜	80克
水发黑木耳	50克
草鱼肉	200克
水发米粉	30克
姜丝	5克
蒜末	5克

调料

盐	3克
味精	1克
蛋清	适量
料酒	5毫升
水淀粉	适量
食用油	适量

❶ 将洗净的黑木耳切成丝。

❷ 将洗好的胡萝卜切成丝。

❸ 将去皮洗净的草鱼肉切薄片,再切成丝。

❹ 洗净的红彩椒切成丝。

❺ 洗净的黄彩椒切成丝。

❻ 将韭菜洗净,切段。

❼ 鱼肉丝加盐、味精、蛋清、水淀粉拌匀,淋入少许食用油腌渍10分钟。

❽ 锅中加清水、食用油、盐烧开,倒入胡萝卜、黑木耳、米粉、红彩椒和黄彩椒。

❾ 将全部材料煮熟后捞出。

做法演示

❶ 热锅注油,烧至四成热,放入鱼肉丝。

❷ 滑油片刻至断生后捞出。

❸ 锅底留油,放入蒜末、姜丝爆香。

❹ 倒入焯烫后的胡萝卜、木耳、米粉、红彩椒、黄彩椒炒匀。

❺ 倒入鱼肉丝。

❻ 加盐、味精、料酒炒匀。

❼ 加韭菜翻炒入味。

❽ 加水淀粉勾芡。

❾ 淋入熟油,炒匀盛出。

补虚利尿

草鱼

+

黑木耳

祛风、清热、平肝

草鱼

+

冬瓜

爆炒生鱼片

🕐 3分钟	✖ 保肝护肾
🔲 鲜	☺ 老年人

生鱼肉质细腻，肉味鲜美，刺少，并且营养价值很高，含有人体必需的钙、磷、铁及多种维生素，是病后康复和体虚者的滋补珍品。生鱼片采用爆炒的方式，鱼片滑润油亮、鲜嫩爽口，香辣嫩滑的口感更是让人回味无穷。爆炒生鱼片可谓是营养与美味兼备。

材料

生鱼	550克
青椒	15克
红椒	15克
葱	10克
生姜	15克
大蒜	5克

调料

盐	3克
味精	1克
水淀粉	少许
白糖	2克
料酒	5毫升
辣椒酱	少许
食用油	适量

❶ 将处理好的生鱼剔去鱼骨，鱼肉片成片。

❷ 将青椒、红椒洗净，去籽切片。

❸ 将大蒜、生姜去皮切片；将葱洗净切段。

❹ 将生鱼片加盐、味精、淀粉、食用油腌渍入味。

❺ 锅中注水，加油搅匀煮沸，入青椒、红椒焯烫后捞出。

❻ 炒锅热油，倒入生鱼片滑油，捞出沥油。

做法演示

❶ 锅留底油，下入姜、蒜和辣椒酱炒香。

❷ 倒入青椒、红椒、葱白炒匀。

❸ 倒入生鱼片。

❹ 加盐、味精、白糖和料酒炒入味。

❺ 盛入盘中即可。

小贴士

✿ 生鱼容易成为寄生虫的寄生体，所以最好不要食用污染水域的生鱼，以免感染寄生虫，对人体的健康造成危害。

食物相宜

清热利尿，健脾益气

生鱼

＋

黄瓜

滋润养颜

生鱼

＋

雪菜

养生常识

★ 生鱼适宜肝硬化腹水、心脏性水肿、肾炎水肿、营养不良性水肿、妊娠水肿、脚气水肿等水肿患者以及身体虚弱，脾胃气虚、营养不良、贫血者及低蛋白血症、高血压、高脂血症等患者食用。

豆角干炒腊鱼

⏱ 3.5 分钟　　✂ 开胃消食
🧂 咸　　😊 一般人群

　　腊鱼是南方人所喜食的一种传统水产加工品。每到冬季，许多家庭都有熏制腊鱼的习惯。熏制好的腊鱼，色泽金黄、肉质坚实、咸淡相宜、易于保藏。将腊鱼煮软，沥干水分后，与豆角干同炒，调味。成菜咸香适口，尤其腊鱼焦酥的外皮有着淡淡的熏香，更是诱人。

材料

腊鱼	300 克
水发豆角干	100 克
青椒片	20 克
红椒片	20 克
姜片	5 克
蒜末	5 克
葱段	5 克

调料

料酒	5 毫升
盐	3 克
白糖	2 克
味精	1 克
老抽	3 毫升
水淀粉	适量
芝麻油	适量
食用油	适量

❶ 将洗净的腊鱼斩成小件。

❷ 将洗净的豆角干切成段。

❸ 锅中倒入适量清水，煮沸，放入腊鱼。

❹ 拌煮约 1 分钟，去除咸味、杂质。

❺ 捞出沥干水备用。

做法演示

❶ 用油起锅，倒入姜片、蒜末、葱段爆香。

❷ 倒入腊鱼炒匀，再倒入料酒炒香。

❸ 倒入豆角干，翻炒一会儿。

❹ 倒入少许清水，煮沸。

❺ 加盐、白糖、味精、老抽调味，烧煮约 1 分钟。

❻ 倒入青椒片、红椒片。

❼ 倒入水淀粉炒匀，勾薄芡。

❽ 淋入少许芝麻油拌炒均匀。

❾ 待食材煮透后盛出即成。

食物相宜

开胃消食

腊鱼

＋

豆豉

促进食欲

腊鱼

＋

青椒

养生常识

★ 腊鱼虽然味美，但从健康角度讲却不宜多吃。因为腊鱼在制作过程中加入大量的食盐，吃多了容易造成人体摄入过量盐分。盐的过多摄入易引发心脑血管疾病。

青椒炒鳝鱼

🕐 4分钟　　⚔ 益气补血

🔥 辣　　😊 一般人群

　　鳝鱼富含脑黄金和卵磷脂，二者均是大脑不可缺少的营养素，食用鳝鱼能够起到补脑健身的作用。这道青椒炒鳝鱼，鳝鱼肥美鲜嫩，尤其是鲜美细滑的口感美妙无比，加上青椒清新、香辣的点缀，味道会变得更加诱人。每个品尝过的人都会被它深深吸引！

材料

净鳝鱼肉	200克
青椒	40克
洋葱丝	20克
姜丝	5克
蒜末	5克
葱段	5克

调料

盐	3克
味精	2克
鸡精	1克
料酒	5毫升
淀粉	适量
蚝油	5毫升
辣椒油	适量
水淀粉	适量
食用油	适量

❶ 锅中注水烧开，放入鳝鱼肉氽烫片刻，取出。

❷ 将洗好的青椒切成丝。

❸ 将鳝鱼切丝。

❹ 将鳝鱼丝加盐、味精、料酒、淀粉拌匀，腌渍。

❺ 锅注油烧热，倒入鳝鱼丝，炸约 1 分钟捞出。

做法演示

❶ 锅留底油，倒入洋葱、姜丝、蒜末、青椒丝炒香。

❷ 倒入鳝鱼丝。

❸ 加盐、味精、鸡精、蚝油、辣椒油、料酒炒入味。

❹ 加水淀粉勾芡。

❺ 撒入葱段拌匀。

❻ 盛入盘内即可。

小贴士

❀ 鳝鱼最好现杀现烹。因为死后的鳝鱼体内的组氨酸会转变为有毒物质，人体吸收后，会造成头晕、呕吐以及腹泻等症状。

食物相宜

补血益中

鳝鱼

＋

金针菇

增强免疫力

鳝鱼

＋

韭菜

青椒墨鱼卷

🕐 3分钟   ☒ 增强免疫力
🔥 辣   ☺ 女性

　　青椒墨鱼卷是一道养颜美容菜，爱美女性可多吃！因为墨鱼含有丰富的蛋白质、脂肪、碳水化合物、维生素及矿物质等营养成分，是一种高蛋白、低脂肪的滋补佳品，也是女性塑造体形和保养肌肤的理想食品。青椒墨鱼卷也是一道快手菜，炒制时间不要过久，不然墨鱼会老。

材料		调料	
墨鱼	100克	盐	3克
青椒	120克	味精	1克
红椒	20克	鸡精	1克
蒜末	5克	料酒	5毫升
姜片	5克	水淀粉	适量
葱白	5克	食用油	适量

❶ 将洗好的青椒去籽，切丝。

❷ 将洗好的红椒去籽，切丝。

❸ 将已宰杀洗净的墨鱼切丝。

❹ 墨鱼丝加料酒、盐、味精抓匀。

❺ 锅中注入清水烧开，倒入墨鱼丝。

❻ 煮沸后捞出墨鱼丝备用。

做法演示

❶ 锅中注油炒热，加入蒜末、姜片、葱白爆香。

❷ 倒入墨鱼，加料酒炒香。

❸ 倒入青椒、红椒拌炒至熟。

❹ 锅中加入盐、味精、鸡精调味。

❺ 加入少许水淀粉勾芡，将勾芡后的菜炒匀。

❻ 装入盘内即可。

小贴士

◎ 质量好的青椒表皮有光泽、无破损、无皱缩、形态饱满、无虫蛀。

◎ 存储青椒时，要将青椒的表面擦拭干净，再用保鲜膜包好，放入冰箱中冷藏。

养生常识

★ 青椒偏辛辣，咽喉炎患者、口腔溃烂者切勿食用。

食物相宜

补肝肾

墨鱼

+

木瓜

缓解消化道溃疡

墨鱼

+

花生

增强免疫力

墨鱼

+

荷兰豆

黑椒墨鱼片

🕐 4分钟　　🍴 开胃消食

⚖ 鲜　　😊 女性

在黑椒墨鱼片这道菜中，黑胡椒和墨鱼片都是主角，缺一不可。黑胡椒和墨鱼是一个完美组合，在鲜美的墨鱼片上，撒上粒粒辛香的黑胡椒，使单纯的味道变得更加丰富可口。送一口到嘴里，不浓不淡、不油不腻，墨鱼片的鲜与黑胡椒的辛搭配得恰到好处。

材料		调料	
墨鱼	100克	盐	3克
洋葱	50克	味精	1克
青椒	20克	白糖	2克
红椒	20克	蚝油	5毫升
姜片	5克	料酒	5毫升
蒜末	5克	鸡蛋清	适量
葱白	5克	水淀粉	适量
黑胡椒	适量	食用油	适量

❶ 将洗净的红椒对半切开，去籽切片。

❷ 将洗净的青椒对半切开，去籽切片。

❸ 将洗净的洋葱切成片。

❹ 将处理干净的墨鱼切成片。

❺ 墨鱼加盐、鸡蛋清拌匀。

❻ 加入水淀粉拌匀，腌渍10分钟。

❼ 锅中加清水烧开，倒入墨鱼。

❽ 余片刻捞出。

❾ 热锅注油，烧至四成热，倒入葱白、青椒、红椒、洋葱。

❿ 滑油片刻后捞出。

⓫ 倒入墨鱼。

⓬ 滑油片刻，捞出。

做法演示

❶ 锅留底油，下入姜片、蒜末、葱白爆香。

❷ 加入黑胡椒炒匀，加入滑油后的青椒、红椒、洋葱。

❸ 倒入墨鱼，放入盐、味精、白糖、蚝油、料酒炒至入味。

❹ 加入水淀粉勾芡。

❺ 淋入熟油拌匀。

❻ 盛出装盘即可。

食物相宜

辅助治疗女子闭经

墨鱼

+

核桃仁

清热利尿，健脾益气

墨鱼

+

黄瓜

美容瘦身

墨鱼

+

芹菜

芹菜鱿鱼圈

⏱ 4分钟　　✗ 益气补血

🔺 鲜　　　　☺ 女性

　　平常吃鱿鱼多半是切成花刀，然后和菜炒着吃。其实也可以尝试将鱿鱼切成圈炒着吃，既美观又美味，还营养。鱿鱼除了富含蛋白质以及人体所需的氨基酸外，还含有牛磺酸，能降低血液中的胆固醇含量，改善亚健康状态，增强肝脏功能。成菜白、绿相间，加之红椒的点缀，让色泽更抢眼，让味道更丰厚。

材料		调料	
净鱿鱼	150克	盐	3克
芹菜	100克	味精	1克
青椒	20克	料酒	5毫升
红椒	20克	淀粉	适量
		白糖	2克
		蚝油	5毫升
		水淀粉	适量
		食用油	适量

❶ 将洗好的芹菜切成段。

❷ 将洗净的青椒、红椒切丝。

❸ 将鱿鱼切圈。

❹ 鱿鱼圈加盐、味精、料酒、淀粉拌匀，腌渍 10 分钟。

❺ 锅置旺火上，注水烧热，倒入鱿鱼。

❻ 煮沸后捞出鱿鱼。

做法演示

❶ 用油起锅，倒入青椒丝、红椒丝、鱿鱼圈炒匀。

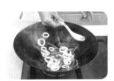

❷ 加入料酒炒匀。

❸ 倒入芹菜炒约 2 分钟至熟。

❹ 加入盐、味精、白糖和蚝油调味。

❺ 加入少许水淀粉勾芡，将勾芡后的菜炒匀。

❻ 盛入盘内即可。

食物相宜

延年益寿

鱿鱼

＋

银耳

营养互补

鱿鱼

＋

竹笋

小贴士

❂ 优质的鱿鱼无异味、鱼身完整、肉质厚实。劣质的鱿鱼则表面干枯，外皮白霜过厚，背部呈黑红色或玫红色，肉体瘦薄，断头掉腕。

玉米笋炒鱿鱼

⏲ 3分钟　　✖ 提神健脑
▣ 鲜　　　　☺ 一般人群

　　清甜爽口的玉米笋，不仅外形小巧精致，好似一根根小玉米，而且口感爽脆，很适合炒食或凉拌食用。玉米笋炒鱿鱼，是一道营养搭配合理、老少皆宜的家常小炒，鱿鱼营养又鲜美，玉米笋爽甜又鲜香可口。再花些心思摆盘，一道普通的家常菜也能变成时尚养眼的宴客菜。

材料		调料	
鱿鱼	300克	盐	3克
玉米笋	150克	味精	1克
姜片	5克	白糖	2克
胡萝卜片	20克	水淀粉	适量
葱段	5克	料酒	5毫升
		淀粉	适量
		食用油	适量

① 将处理好的鱿鱼切十字花刀，改切成块。

② 将洗净的玉米笋对半切开。

③ 将切好的鱿鱼装入碗中，加盐、料酒。

④ 加入少许淀粉，抓匀腌渍入味。

⑤ 锅中倒入清水烧开，加少许盐、食用油，倒入玉米笋焯至熟。

⑥ 捞出煮好的玉米笋备用。

⑦ 倒入鱿鱼汆煮片刻。

⑧ 捞出鱿鱼，沥干水分备用。

做法演示

① 热锅注油，倒入姜片、胡萝卜片、葱段爆香。

② 倒入焯熟的玉米笋。

③ 放入鱿鱼。

④ 加料酒翻炒均匀。

⑤ 放入盐、味精、白糖，炒匀调味。

⑥ 加少许水淀粉勾芡。

⑦ 拌炒均匀。

⑧ 盛出装盘即可。

营养全面丰富

鱿鱼

＋

黄瓜

补气养血

鱿鱼

＋

猪蹄

开胃消食

鱿鱼

＋

青椒

荷兰豆炒双脆

⏱ 3分钟	✖ 防癌抗癌		
🔲 鲜	☺ 一般人群		

　　荷兰豆炒双脆中的"双脆"就是脆嫩爽口的鸭胗和鱿鱼。鸭胗洗净后切十字花刀，鱿鱼切网格花刀，腌渍 10 分钟后，汆水断生。然后将荷兰豆、鱿鱼、鸭胗同炒至熟，调味即可。美味的鱿鱼在任何菜肴中，只要烹饪得当都会散发出诱人的浓香，浅尝一口，就会被它的鲜美深深吸引。

材料		调料	
荷兰豆	100 克	盐	3 克
鸭胗	120 克	味精	1 克
鱿鱼	200 克	白糖	3 克
彩椒片	20 克	料酒	5 毫升
红椒片	20 克	淀粉	少许
姜片	5 克	水淀粉	适量
葱段	5 克	食用油	适量

❶ 把洗净的荷兰豆切去头尾。

❷ 把洗净的鸭胗剔除内、外两层膜，切小块，打上十字花刀。

❸ 把洗净的鱿鱼用刀划开，打网格花刀，切成片。

❹ 将鸭胗、鱿鱼装入碗中，放入盐、味精。

❺ 淋上少许料酒搅拌均匀。

❻ 撒上淀粉拌匀，腌渍 10 分钟。

❼ 锅中倒入适量清水，放入腌好的鸭胗、鱿鱼。

❽ 汆煮至断生。

❾ 捞出后沥水备用。

做法演示

❶ 热锅放油，倒入葱段、姜片爆香。

❷ 倒入鱿鱼、鸭胗，淋上料酒炒匀。

❸ 放入荷兰豆炒匀。

❹ 倒入彩椒片、红椒片，翻炒至熟。

❺ 加盐、味精、白糖调味。

❻ 翻炒至入味。

❼ 用水淀粉勾芡。

❽ 翻炒均匀。

❾ 出锅装盘即成。

食物相宜

开胃消食

荷兰豆

+

蘑菇

健脾，通乳

荷兰豆

+

红糖

虾仁炒冬瓜

🕐 2分钟　　✂ 防癌抗癌
🏠 清淡　　😊 老年人

冬瓜营养丰富，含有碳水化合物、多种维生素及钙、铁、镁、磷、钾等矿物质，具有润肺生津、化痰止咳、利尿消肿、清热祛暑的作用。在炎热的夏季，将冬瓜与虾仁一同炒食，不但味道极其鲜美，还可清热泻火。虾肉的鲜美与冬瓜的滑嫩更让这道菜成为餐桌上的亮点。

材料		调料	
冬瓜	500克	盐	3克
虾仁	70克	料酒	4毫升
蒜末	5克	水淀粉	10毫升
姜片	5克	蚝油	3毫升
葱白	5克	味精	2克
		食用油	适量

食材处理

❶ 冬瓜去皮洗净，切成1厘米厚的片，改切成条。

❷ 锅中加清水烧开，倒入冬瓜。

❸ 煮1分钟至熟，捞出。

做法演示

❶ 用油起锅，倒入姜片、蒜末、葱白爆香。

❷ 放入洗净的虾仁炒匀，加入料酒炒香。

❸ 倒入冬瓜条。

❹ 加入蚝油、盐、味精。

❺ 快速炒匀调味。

❻ 加入少许水淀粉。

❼ 拌炒均匀。

❽ 盛入盘中即可。

小贴士

✪ 冬瓜肉质厚实，可煮汤、炒、凉拌等。此外，冬瓜也是一种比较理想的解热利尿食物，煮汤时，若连皮一起煮，效果更明显。

食物相宜

补脾益气

虾

＋

香菜

益气、下乳

虾

＋

葱

强身健体

虾

＋

豆腐

草菇虾仁

⏱ 5分钟　　✖ 防癌抗癌

🔖 鲜　　　　☺ 女性

　　草菇同所有菌菇类食物一样营养丰富，尤其是蛋白质含量高于一般蔬菜，维生素C含量高，具有提高身体免疫力的作用。将草菇焯煮，虾仁氽熟，二者入锅同炒，调味。成菜虽然色泽清淡素雅，但肉质肥嫩，味鲜爽口，芳香浓郁，可谓宴客佳品。

材料		调料	
草菇	250克	盐	3克
虾仁	120克	鸡精	1克
青椒片	30克	味精	1克
红椒片	30克	老抽	5毫升
姜片	5克	料酒	5毫升
蒜末	5克	白糖	2克
葱白	5克	水淀粉	适量
		食用油	适量

❶ 将虾仁的背部切开，挑去虾线后洗净。

❷ 将草菇洗净，对半切开。

❸ 将虾仁放碗中，加盐、味精、料酒拌匀。

❹ 加少许水淀粉，抓匀后腌渍 10 分钟入味。

⑤ 锅中注水烧热，加入盐、鸡精、老抽，再淋入少许料酒，煮沸。

⑥ 倒入切好的草菇，焯煮约 2 分钟入味。

❼ 盛出焯好的草菇，备用。

⑧ 另起锅注水烧热，倒入虾仁。

⑨ 汆熟后捞出备用。

做法演示

❶ 另起锅，注油烧热，倒入虾仁。

❷ 中火炸约 1 分钟至熟，捞出虾仁。

❸ 锅留底油，倒入蒜末、姜片、葱白。

❹ 倒入青椒片、红椒片爆香。

⑤ 倒入草菇、虾仁，淋入料酒略炒。

⑥ 加入盐、味精、白糖翻炒入味。

❼ 加少许水淀粉勾薄芡。

⑧ 淋入少许熟油拌炒均匀。

⑨ 盛入盘内即成。

食物相宜

降压降脂

草菇

＋

豆腐

补肾壮阳

草菇

＋

虾仁

降压降脂

草菇

＋

黄瓜

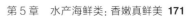

玉米莴笋炒虾仁

⏱ 3分钟　　✕ 增强免疫力

📏 清淡　　☺ 孕产妇

　　虾是优质蛋白质的来源，其蛋白质含量是鱼、蛋、奶的几倍到几十倍，并且肉质松软，易消化；莴笋富含钾，对高血压和心脏病患者大有裨益；玉米有调中理气、开胃益智、降低血脂的作用。三样搭配起来，不仅菜色漂亮、味道鲜美，而且营养又健康连"三高"人群都可放心大快朵颐。

材料		调料	
鲜玉米粒	70克	料酒	5毫升
莴笋	200克	盐	3克
虾仁	150克	味精	1克
红椒	20克	白糖	2克
蒜末	5克	水淀粉	适量
姜片	5克	食用油	适量
葱白	5克		

① 将去皮洗净的莴笋切条，再切成细丁。

② 将洗好的虾仁切成丁，装入碗中备用。

③ 将红椒洗净，切成小片。

④ 虾粒加盐、味精、水淀粉、食用油拌匀，腌5分钟。

⑤ 锅中加水烧开，倒入莴笋和玉米粒煮约1分钟。

⑥ 捞出放入盘中。

做法演示

① 虾仁放入热油锅中滑油片刻至熟，备用。

② 锅底留油，下姜片、蒜末、葱白。

③ 倒入红椒片、莴笋、鲜玉米粒炒匀。

④ 倒入虾仁拌炒片刻，加料酒、盐、味精、白糖炒入味。

⑤ 加水淀粉勾芡。

⑥ 炒匀装盘即可。

小贴士

⊙ 莴笋的口感脆嫩，但是放的时间过长就容易变质。若将买回的莴笋斜放在盆中，注入淹过主干1/3的清水，再放入室内，就能保持莴笋鲜嫩的味道了。

养生常识

★ 鲜玉米的食疗作用很广。它对食欲不振、水肿、尿道感染、糖尿病、胆石症等均有一定的食疗作用。

食物相宜

养心除烦，软坚利咽

虾仁

+

紫菜

促进钙、铁等营养元素的吸收

虾仁

+

油菜

清热解毒，润肠生津

虾仁

+

白菜

菠萝炒虾仁

🕐 3分钟　　✖ 清热解毒
🧂 鲜　　　😊 一般人群

　　菠萝炒虾仁这道菜式是"中西合璧"的范例，既保留了虾仁的原始鲜味，又兼顾了菠萝的清新香甜，并且在菠萝酸甜味的滋润下，虾仁显得更加清爽可口，吃起来让人赞不绝口。看似两个完全不搭的食材，放在一起烹饪出了近乎完美的滋味。因此，很多事情真的需要亲身尝试，才有至深体会。

材料

虾仁	100克
菠萝肉	150克
青椒	15克
红椒	15克
姜片	5克
蒜末	5克
葱段	5克

调料

盐	3克
水淀粉	10毫升
味精	1克
鸡精	1克
料酒	5毫升
食用油	适量

❶ 将洗净的菠萝肉切成块。

❷ 将洗净的青椒、红椒切成块。

❸ 将洗净的虾仁切成两段。

❹ 虾仁加少许盐、味精拌匀，加水淀粉拌匀，加少许食用油腌渍5分钟。

❺ 锅中加约1000毫升清水烧开，放入菠萝块。

❻ 煮沸后捞出。

❼ 倒入虾仁，搅散。

❽ 变色后捞出备用。

做法演示

❶ 用油起锅，倒入姜片、蒜末、葱白。

❷ 加入切好的青红椒炒香。

❸ 倒入余水后的虾仁炒匀。

❹ 淋入适量料酒。

❺ 倒入切好的菠萝。

❻ 加盐、鸡精炒匀。

❼ 加水淀粉勾芡。

❽ 加少许熟油，炒匀至入味。

❾ 盛出装盘即可。

食物相宜

辅助治疗肾炎

菠萝

+

茅根

补虚填精

菠萝

+

鸡肉

促进蛋白质吸收

菠萝

+

猪肉

荷兰豆炒虾仁

🕐 4分钟   ✖ 防癌抗癌

△ 鲜   ☺ 一般人群

　　荷兰豆是营养价值较高的豆类蔬菜之一，其嫩梢、嫩荚、籽粒质嫩清香，极为人们所喜食。荷兰豆脆嫩爽口，虾仁肥嫩鲜美，搭配在一起，不仅色泽抢眼，口感也更为丰富，还是道简单易做的快手菜。吃多了油腻食物，尝尝这道清爽菜肴，也别有一番风味。

材料		调料	
荷兰豆	300 克	盐	3 克
虾仁	70 克	鸡精	1 克
姜片	5 克	味精	1 克
蒜片	5 克	水淀粉	10 毫升
胡萝卜片	20 克	料酒	5 毫升
葱段	5 克	食用油	适量

食材处理

❶ 将洗净的虾仁背部切开。

❷ 虾仁加盐、鸡精、水淀粉、食用油拌匀、腌5分钟。

❸ 锅中加水烧开，倒入荷兰豆煮约1分钟。

❹ 将煮好的荷兰豆捞出备用。

❺ 热锅注油烧至四成熟，倒入虾仁拌匀。

❻ 滑油至虾仁起红色时捞出。

做法演示

❶ 锅底留油，倒入胡萝卜片、姜片、蒜片、葱段爆香。

❷ 倒入荷兰豆、虾仁炒匀，加盐、味精、鸡精、料酒。

❸ 炒匀调味。

❹ 加水淀粉勾芡。

❺ 加少许熟油炒匀。

❻ 盛出装盘即可。

小贴士

✪ 可以使虾仁味道鲜美的两种调味方法：一是调成味汁泼在虾仁上，这样可以保持虾仁的鲜嫩。二是炒制过程中调味，可以使虾仁肉更入味，不过加热时间较长会丢失虾仁的原味。

食物相宜

提高营养价值

荷兰豆

虾仁

清除油脂引起的食欲不佳

荷兰豆

蘑菇

养生常识

★ 虾仁营养极为丰富，蛋白质含量很高，而且其肉质松软，易消化，对身体虚弱以及病后需要调养的人是极好的食物。

双椒爆螺肉

⏱ 4分钟　　✖ 增强免疫力

🔥 辣　　☺ 一般人群

田螺素有"盘中明珠"的美誉，肉质丰腴细腻、味道鲜美，它含有丰富的蛋白质、维生素和人体必需的氨基酸和微量元素，是典型的高蛋白、低脂肪、高钙质的天然食品。用青椒、红椒爆炒螺肉，螺肉嫩而有弹性，带着香辣的汁，味道之美让人吮指！

材料

田螺肉	250克
青椒片	40克
红椒片	40克
姜末	20克
蒜蓉	20克
葱末	5克

调料

盐	3克
味精	1克
料酒	5毫升
水淀粉	适量
辣椒油	适量
芝麻油	适量
胡椒粉	适量
食用油	适量

做法演示

❶ 用油起锅，倒入葱末、姜末、蒜蓉爆香。

❷ 倒入田螺肉翻炒约2分钟至熟。

❸ 放入青椒片、红椒片。

❹ 拌炒均匀。

❺ 放入盐、味精。

❻ 加料酒调味。

❼ 加入少许水淀粉勾芡，淋入辣椒油、芝麻油。

❽ 撒入胡椒粉，拌匀调味。

❾ 出锅装盘即成。

小贴士

● 食用田螺肉应烧煮至熟为好，以防止病菌和寄生虫感染。所以一定要用正确的烹饪方法充分煮熟后再食用，且不宜频繁食用。

● 螺肉不宜与中药蛤蚧同服；不宜与牛肉、羊肉、蚕豆、猪肉、蛤、面、玉米、冬瓜、香瓜、木耳及糖类同食。

养生常识

★ 田螺与冷饮同食，可导致消化不良或腹泻。因为冷饮能降低人的肠胃温度，削弱消化功能。而田螺性寒，故食用田螺后如食用冷饮，都可能导致消化不良或腹泻。

食物相宜

补肝肾、清热毒

田螺

+

白菜

清热解酒

田螺

+

葱

辣炒花甲

⏰ 3分钟　　✖ 增强免疫力
🔺 辣　　☺ 男性

花甲肉质鲜嫩、风味独特，且含有氨基酸、维生素、牛磺酸等多种营养成分，是一种低热量、高蛋白、少脂肪的食物，有滋阴明目、软坚化痰、益精润肺的作用。用青椒、红椒、干辣椒炒花甲，既能盖住花甲的海腥味，又能衬托其鲜美滋味。辣炒花甲的做法简单，味道鲜美，是一道怎么吃都不会腻的菜。

材料

花甲	500克
青椒片	20克
红椒片	20克
干辣椒	3克
蒜末	5克
姜片	5克
葱白	5克

调料

盐	3克
料酒	3毫升
味精	1克
鸡精	1克
水淀粉	适量
芝麻油	适量
辣椒油	适量
豆豉酱	适量
豆瓣酱	适量
食用油	适量

食材处理

❶ 锅中加足量清水烧开，倒入花甲拌匀。

❷ 壳煮开后捞出。

❸ 放入清水中清洗干净。

做法演示

❶ 用油起锅，倒入干辣椒、姜片、蒜末、葱白。

❷ 加入切好的青椒片、红椒片、豆豉酱炒香。

❸ 倒入煮熟洗净的花甲，拌炒均匀。

❹ 加入适量的味精、盐、鸡精。

❺ 淋入少许料酒炒匀调味。

❻ 加豆瓣酱、辣椒油炒匀。

❼ 加水淀粉勾芡。

❽ 加入少许芝麻油炒匀。

❾ 盛出装盘即可。

小贴士

✪ 购买花甲时，可拿起轻轻地敲打其外壳，若为"砰砰"声，则花甲是死的；相反，若为较清脆的"咯咯"声，则花甲是活的。

食物相宜

提高免疫力

花甲

鸡蛋

养生常识

★ 花甲属于软体的贝类食物，有抑制胆固醇在肝脏合成和加速排泄胆固醇的独特作用，从而能使体内胆固醇下降，对高脂血症者有辅助治疗作用。

★ 中医认为，花甲肉有滋阴明目、软坚化痰的作用。但是，花甲肉性寒，体质偏弱者应少食，脾胃虚寒者则不宜多吃。

常用烹饪方法

烩

烩是指将原材料油炸或煮熟后改刀，放入锅内加辅料、调料、高汤烩制的烹饪方法，这种方法多用于烹制鱼虾、肉丝、肉片等。

❶ 将所有原材料洗净，切块或切丝。

❷ 炒锅加油烧热，将原材料略炒，或余水之后加适量清水，再加调料，用大火煮片刻。

❸ 然后加入芡汁勾芡，搅拌均匀即可。

操作要点

✪ 烩菜对原料的要求比较高，多以质地细嫩柔软的动物性原料为主，以鲜嫩脆爽的植物性原料为辅。

✪ 烩菜原料均不宜在汤内久煮，多经焯水或过油，有的原料还需上浆后再进行初步熟处理。一般以汤沸即勾芡为宜，以保证成菜的鲜嫩。

焖

焖是从烧演变而来的，是将加工处理后的原料放入锅中，加适量的汤水和调料，盖紧锅盖烧开后，改用小火进行较长时间的加热，待原料酥软入味后，留少量味汁成菜的烹饪技法。

❶ 将原材料洗净，切好备用。

❷ 将原材料与调味料一起炒出香味后，再倒入汤汁。

❸ 盖紧锅盖，改中小火焖至熟软后，改大火收汁，装盘即可。

操作要点

✪ 要先将洗好切好的原料放入沸水中焯熟或入油锅中炸熟。

✪ 焖时要加入调味料和足量的汤水，以没过原料为好，而且一定要盖紧锅盖。

✪ 一般用中小火较长时间加热焖制，以使原料酥烂入味。

煎

日常所说的煎，是指先把锅烧热，再以凉油涮锅，留少量底油，放入原料，先煎一面上色，再煎另一面。煎时要不停地晃动锅，以使原料受热均匀，色泽一致，使其熟透，食物表面会呈金黄色乃至微煳。

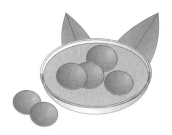

❶ 将原材料洗净。

❷ 将原材料腌渍入味，备用。

❸ 锅烧热，倒入少许油，放入原材料煎至食材熟透，装盘即可。

操作要点

✿ 用油要纯净，煎制时要适量加油，以免油少将原料煎焦了。

✿ 要掌握好火候，不能用旺火煎；油温高时，煎食物的时间往往较短。

✿ 还要掌握好调味的方法，一定要将原料腌渍入味，否则煎出来的食物口感不佳。

煲

煲就是把原材料小火煮，慢慢地熬。煲汤往往选择富含蛋白质的动物性原料，一般需要 3 个小时左右。

❶ 先将原材料洗净，切好备用。

❷ 将原材料放入锅中，加足冷水，用旺火煮沸，改用小火持续煮 20 分钟，加姜和料酒等调料。

❸ 待水再次煮沸后，用中火保持沸腾状态 3 ~ 4 小时，待浓汤呈乳白色时即可。

操作要点

✿ 中途不要添加冷水，因为正加热的肉类遇冷收缩，蛋白质不易溶解，汤便失去了原有的鲜香味。

✿ 不要太早放盐，因为早放盐会使肉中的蛋白质凝固，从而使汤色发暗，浓度不够，外观不美。

炖

炖是指将原材料加入汤水及调料，先用旺火煮沸，然后转成中小火，进行长时间烧煮的烹调方法。炖出来的汤的特点：滋味鲜浓、香气醇厚。

❶ 将原材料洗净，切好，入沸水锅中汆烫。

❷ 锅中加适量清水，放入原材料，大火烧开，再改用小火慢慢炖至酥烂。

❸ 加入调料即可。

操作要点

✪ 大多数原材料在炖时不能先放咸味调味品，特别不能放盐，因为盐的渗透作用会严重影响原料的酥烂，延长加热时间。

✪ 炖时先用大火煮沸，撇去泡沫，再用小火炖至酥烂。

✪ 炖时要一次加足水量，中途不宜加水揭盖。

蒸

蒸是一种重要的烹调方法，其原理是将原料放在容器中，以蒸汽加热，使调好味的原料成熟或酥烂入味。其特点是保留了菜肴的原形、原汁、原味。

❶ 将原材料洗净，切好备用。

❷ 将原材料用调料调好味，摆于盘中。

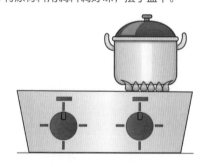

❸ 将其放入蒸锅，用旺火蒸熟后，取出即可。

操作要点

✪ 蒸菜对原料的形态和质地要求严格，原料必须新鲜、气味纯正。

✪ 蒸时要使用大火，但精细材料要使用中火或小火。

✪ 蒸时要让蒸笼盖稍留缝隙，可避免蒸汽在锅内凝结成水珠而流入菜肴中。

炸

炸是油锅加热后，放入原料，以油为介质，使其成熟的一种烹饪方法。采用这种方法烹饪的原料，一般要间隔炸两次才能酥脆。炸制菜肴的特点是香、酥、脆、嫩。

❶ 将原材料洗净，切好备用。

❷ 将原材料腌渍入味或用水淀粉搅拌均匀。

❸ 锅中倒油烧热，放入原材料炸至焦黄，捞出控油，装盘即可。

操作要点

☻ 用于炸的原料在炸前一般需用调味品腌渍，炸后往往随带辅助调料上席。

☻ 炸最主要的特点就是要用旺火，而且用油量要多。

☻ 有些原料需经拍粉或挂糊后，再入油锅炸熟。

烤

烤是将加工处理好或腌渍入味的原料置于烤具内部，用明火、暗火等产生的热辐射进行加热的技法总称。其菜肴特点是原料经烘烤后，表层水分散发，产生松脆的表面和焦香的滋味。

❶ 将原材料洗净，切好备用。

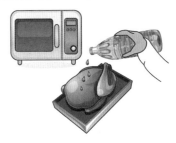

❷ 将原材料腌渍入味后，放在烤盘上，淋上少许油。

❸ 放入烤箱，待其烤熟，取出装盘即可。

操作要点

☻ 一定要将原材料加调料腌渍入味，再放入烤箱烤，这样才能使烤出来的食物美味可口。

☻ 烤之前最好将原材料刷上一层香油或植物油。

☻ 要注意烤箱的温度，不宜太高，否则容易烤焦。而且要掌握好时间的长短。

拌

拌是一种冷菜的烹饪方法，操作时把生的原料或晾凉的熟料切成小的丝、条、片、丁、块等形状，再加上各种调味料，拌匀即可。

❶ 将原材料洗净，根据菜品需要分别切成丝、条、片、丁或块，放入盘中。

❷ 原材料放入沸水中焯烫一下后捞出，再放入凉开水中凉透，控净水，入盘。

❸ 将蒜、葱等洗净，并添加盐、醋、香油等调味料，浇在盘内的菜上，拌匀即成。

腌

腌是一种冷菜烹饪方法，是指将原材料放在调味卤汁中浸渍，或者用调味品涂抹、拌和原材料，使其部分水分析出，从而使味汁渗入其中。

❶ 将原材料洗净，控干水分，根据菜式要求切成丝、条、片、丁或块。

❷ 锅中加卤汁调味料煮开，凉后倒入容器中。将原料放容器中密封，腌 7 ~ 10 天即可。

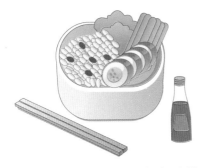

❸ 食用时，可依个人口味加入辣椒油、白糖、味精等调味料。

卤

卤是一种冷菜烹饪方法，指将经加工处理的大块或完整原料，放入调好的卤汁中加热煮熟，使卤汁的香鲜滋味渗透进原材料的烹饪方法。调好的卤汁可长期使用，而且越用越香。

❶ 将原材料洗净，放入沸水中余烫以排污除味，捞出后控干水分。

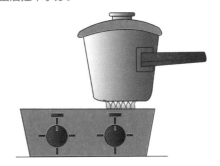

❷ 将原材料放入卤水中，小火慢卤，使其充分入味，卤好后取出，晾凉。

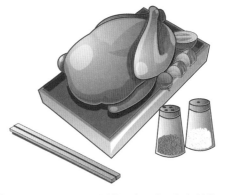

❸ 将卤好晾凉的原材料放入容器中，加入蒜蓉、味精、酱油等调味料拌匀，装盘即可。

炒

炒是应用最广泛的一种烹调方法，以油为主要导热体，将小型原料用中旺火在较短时间内加热成熟，并调味成菜。

❶ 将原材料洗净，切好备用。

❷ 锅烧热，加底油，用葱、姜末炝锅。

❸ 放入加工成丝、片、块状的原材料，直接用旺火翻炒至熟，调味装盘即可。

操作要点

✪ 炒菜时，一定要先将锅烧热，再下油，一般将油锅烧至六七成热为佳。

✪ 火力的大小和油温的高低要根据原料的材质而定。

熘

熘是一种热菜烹饪方法，在烹调中应用较广。它是先把原料经油炸或蒸煮、滑油等预热加工使其成熟，再把成熟的原料放入调制好的卤汁中搅拌，或把卤汁浇在成熟的原料上。

❶ 将原材料洗净，切好备用。

❷ 将原材料经油炸或滑油等预热加工使成熟。

❸ 将调制好的卤汁放入成熟的原材料中搅拌，装盘即可。

操作要点

✪ 熘汁一般都是用淀粉、调味品和高汤勾兑而成，烹制时可以将原料先用调味品拌腌入味后，再用蛋清、团粉挂糊。

✪ 熘汁的多少与主要原材料的分量多少有关，而且最后收汁时最好用小火。

烧

烧是烹调中国菜肴的一种常用技法，先将主料进行一次或两次以上的预热处理之后，放入汤中调味，大火烧开后，小火烧至入味，再用大火收汁成菜。

❶ 将原料洗净，切好备用。

❷ 将原料放入锅中，加水烧开，加调味料，改用小火烧至入味。

❸ 用大火收汁，调味后，起锅装盘即可。

操作要点

❂ 所选用的主料多数是经过油炸煎炒或蒸煮等熟处理的半成品。

❂ 所用的火力以中小火为主，加热时间的长短根据原料的老嫩和大小而不同。

❂ 汤汁一般为原料的 1/4 左右，烧制后期转旺火勾芡或不勾芡。

煮

煮是将原材料放在多量的汤汁或清水中，先用大火煮沸，再用中火或小火慢慢煮熟。煮不同于炖，煮比炖的时间要短，一般适用于体小、质软类的原材料。

❶ 将原材料洗净，切好。

❷ 油锅烧热，放入原材料稍炒，注入适量的清水或汤汁，用大火煮沸，再用中火煮至熟。

❸ 放入调味料即可。

操作要点

❂ 煮时不要过多地放入葱、姜、料酒等调味料，以免影响汤汁本身的味道。

❂ 不要过早过多地放入酱油，以免汤味变酸，颜色变暗发黑。

❂ 忌让汤汁大滚大沸，以免汤汁变浑浊。

常用炒菜常识

盐的使用

盐在烹调中的作用是十分重要的，人们常将盐的咸味称为"百味之王"。盐在烹调中主要作用是调味和增加菜肴的风味。烹调加盐时，既要考虑菜肴的口味适应度，也要考虑用盐的时机。

盐在烹调的过程中常与其他调料一同使用，使用过程中，几种调料之间必然发生作用，形成一种复合味。例如，咸味中加入微量醋，可使咸味增强，加入醋量较多时，可使咸味减弱；醋中加入少量盐，会使酸味增强，加入大量盐后则使酸味减弱。咸味中加入白糖，可使咸味减弱；甜味中加入微量咸味，可在一定程度上增加甜味。咸味中加入味精可使咸味缓和；味精中加入少量盐，可以增加味精的鲜度。

此外，盐的渗透作用很强，还能抑制细菌的生长。制作肉丸、鱼丸时，加盐搅拌，可以提高原料的吃水量，使制成的肉丸、鱼丸柔嫩多汁。在揉面团时加点盐，可在一定程度上增加面的弹性和韧性。发酵面团中加点盐，还可以调节面团发酵速度，使蒸出来的馒头更松软可口。

在烹调菜肴的过程中，要正确用盐调味：

1. 烹调前加盐：即在食材加热前加盐，是让原料有一个基本的咸味，并有收缩。如在烧鱼时，为使鱼肉不碎，要先用盐擦一下。在使用炸、爆、滑熘、滑炒等烹调方法时，都可结合上浆、挂糊，并加入一些盐。因为这类烹调方法的主料被包裹在一层糊糊中，味不得入，所以必须在烹调前加盐。

2. 烹调中加盐：这是最主要的加盐方法。在运用炒、烧、煮、焖、煨、滑等技法烹调时，都要在烹调中加盐。在菜肴快要成熟时加盐，减少盐对菜肴的渗透压，保持菜肴嫩松，营养成分不流失。

3. 烹调后加盐：即加热完成以后加盐，以炸为主的菜肴即为此类。常在炸好后，撒上花椒盐等调料。

葱的使用

葱是炒菜时最常用的一种调料，只有用得恰到好处，才能突显菜的味道。例如，"葱炒鸡蛋"，将少量葱放入油锅内煸炒之后，倒入调好味的蛋液翻炒几下出锅，即可收到鲜香滑嫩的效果。如果将葱直接放入蛋液中，再倒入油锅中翻炒，结果不是蛋不熟就是葱不熟，或者是葱熟而蛋过老，色泽不明艳，味道也欠佳。因此，以葱调味时，要视菜肴的具体情况、葱的品种等合理使用。

根据葱的特点使用葱

生活中常用的葱有大葱、青葱。大葱的辛辣香味较重，在菜肴中应用较广，既可作辅料又可作调料。将大葱加工成丝、末，可做凉菜的调料，增鲜之余，还可起到杀菌、消毒的作用；加工成段或其他形状，经油炸后与主料同烹，葱香味与主料鲜味融为一体，十分馋人，如"大葱扒鸡""葱扒海参"都是用大葱来帮助调味。

青葱经油煸炒之后，能够更加突出葱的香味，是烹制水产、动物内脏不可缺少的调味品。有时把它加工成丁、段、片、丝与主料一同烹制，或拧成结与主料同炖，出锅时，再弃葱取其葱香味。较嫩的青葱又称香葱，经沸油余炸，香味扑鼻，色泽青翠，多用于凉拌菜或加工成形，撒拌在成菜上，如"葱拌豆腐""葱油仔鸡"等。

根据原料的需要使用葱

水产海鲜、畜肉、禽肉和蛋类有腥味、膻味，烹制时，葱是不可或缺的调料。豆类制品和根茎类食材，以葱调味能去除豆腥味、泥土味。单一的绿色蔬菜本身含有自然芳香味，就不一定要用葱调味了。

烹制菜肴时，葱的使用很有学问，一定要注意用量适当，主次分明，不要"喧宾夺主"而影响本味。

根据主料的形状使用葱

葱加工成的形状应与主料保持一致，一般要稍小于主料，但也要视原料的烹调方法而灵活掌握。例如"红烧鱼""干烧鱼""清蒸鱼""余鱼丸""烧鱼汤"等，同是鱼类菜肴，由于烹调方法不一样，对葱加工形状的要求也不一样。

"红烧鱼"要求将葱切段，与鱼同烧。

"干烧鱼"须将葱切末，和配料保持一致。

"清蒸鱼"只需把整葱摆在鱼上，待鱼熟后拣去葱，只取葱香味。

"余鱼丸"要求把葱浸泡在水里，只取葱汁使用，以免影响鱼丸色泽。

"烧鱼汤"时一般是把葱切段，油炸后与鱼同炖。

经油炸过的葱，香味甚浓，可去除鱼腥味。汤烧好后去除葱段，其汤清亮不浑浊。

姜的使用

姜是许多菜肴中不可缺少的辛香调料，用得恰到好处可以为菜肴增鲜添色，反之就会弄巧成拙。我们在烹制时会经常遇到一些问题：如在烧鱼前，应先将姜片投入少量油锅中煸炒炝锅，后下鱼煎烙两面，再加清水和各种调料，鱼与姜同烧至熟。这样用姜，不仅煎鱼时不粘锅，且可去膻解腥；如果姜片与鱼同入锅，或做熟后撒下姜米，其效果欠佳。因此，在烹调中要视菜肴的具体情况，合理、巧妙地用姜。

姜丝入菜，多作配料

姜的辛辣香味较重，在菜肴中既可作调料，又可作菜肴的配料。作为配料入菜的姜，一般要切成丝，如"姜丝肉"是取新姜与青红辣椒，切丝与瘦猪肉丝同炒，其味香辣可口，别具一格。"三丝鱼卷"是将桂鱼肉切成大片，卷包笋丝、火腿丝、鸡脯肉丝成圆筒形，然后配以用姜腌渍的酱姜丝，还有葱丝、红辣椒丝，加酱油、糖、醋熘而成。味道酸甜适口，外嫩里鲜。把姜加工成丝，还可做凉菜的配料，增鲜之余，兼有杀菌、消毒的作用。

姜块（片）入菜，去腥解膻

生姜加工成块或片，多数是用在火工菜中，如炖、焖、烧、煮、煲等烹调方式中，可以去除水产海鲜、禽肉、畜肉的腥味、膻味等。火工菜中用老姜，主要是取其味，菜肴成熟后要挑出姜扔掉。因此，姜需要加工成块或片，以便于挑出，并且还要用刀面拍松，使其裂开，便于姜味外溢，浸入菜中。例如"清炖鸡汤"，在制作中必须以姜片调味，否则就不会有鸡肉酥烂香鲜、配料细嫩、汤清味醇的特点。

姜除了在烹调加热中调味外，亦用于菜肴加热前，起浸渍调味的作用，如"油淋鸡""烧鱼""炸猪排"等，烹调时姜与原料不便同时加热，但这些原料异味难去，就必须在加热前，用姜片浸渍相当的时间，以消除其异味。浸渍时，还需加入适量的料酒、葱，效果会更好。

姜米入菜，起香增鲜

人们食用凉性菜肴，往往佐以姜米醋同食，醋有去腥暖胃的作用，再配以姜米，互补互存，可以防止腹泻、杀菌消毒，也能促进消化。如"清蒸白鱼""芙蓉鲫鱼""清蒸蟹""醉虾""炝笋"等，都需浇上醋，加姜米，有些还需撒上胡椒粉，摆上香菜叶。姜米在菜肴中亦可与原料同煮同食，如"清炖狮子头"，猪肉细切再用刀背砸后，需加入姜米和其他调料，制成狮子头，然后再清炖。生姜加工成米粒大小，更多的是经油煸炒后与主料同烹，姜的辣香味与主料鲜味融于一体，十分诱人。"炒蟹粉""咕噜肉"等，姜米需先经油煸炒之后，待香味四溢，然后再下入主配料同烹。姜块或姜片在火工菜中起去腥解膻的作用，而姜米则多用于炸、熘、爆、炒、烹、煎等方法的菜中，用以起香增鲜。

姜汁入菜，色味双佳

水产、家禽的内脏和蛋类原料腥、膻异味较浓，烹制时生姜是不可少的调料。有些菜肴可用姜丝作配料同烹，而火工菜肴（行话称大菜）要用姜块（片）去腥解膻，一般炒菜、小菜用姜米起鲜。但还有一部分菜肴不便与姜同烹，又要去腥增香，如用姜汁是比较适宜的，如前面讲的制作鱼圆、虾圆、肉圆及将各种动物性原料用刀背砸成茸后制成的菜肴，就是用姜汁去腥膻味的。制姜汁是将姜块拍松，用清水泡一定时间（一般还需要加入葱和适量的料酒同泡），就成所需的姜汁了。生姜在烹调中用途很大，很有讲究，但不一定任何菜都要用姜来调味，如单一的蔬菜本身含有自然芳香味，再用姜米调味，势必会"喧宾夺主"，影响本味。

味精的使用

　　味精是一种增鲜味的调料,炒菜、做馅、拌凉菜、做汤等都可使用。味精对人体没有直接的营养价值,但它能增加食物的鲜味,激发人们的食欲,有助于提高人体对食物的消化率。味精虽能提鲜,但如使用方法不当,就会产生相反的效果。

　　1. 用高汤烹制的菜肴,不必使用味精。因为高汤本身已具有鲜、香、清的特点,味精则只有一种鲜,而它的鲜味和高汤的鲜味也不能等同。如使用味精,会将本味掩盖,致使菜肴口味不伦不类。

　　2. 酸性菜肴,如糖醋、醋熘、醋椒菜类等,不宜使用味精。因为味精在酸性物质中不易溶解,酸性越大,溶解度越低,鲜味的效果越差。

　　3. 拌凉菜使用晶体味精时,应先用少量热水化开,然后浇到凉菜上,效果较好(因味精在45℃时才能发挥作用)。如果用晶体直接拌凉菜,不易拌均匀,会影响味精的提鲜作用。

　　4. 做菜使用味精时,应在起锅时加入。因为在高温下,味精会分解为焦谷氨酸钠,即脱水谷氨酸钠,不但没有鲜味,而且还会产生轻微的毒素,危害人体。

　　5. 味精使用时应掌握好用量,并不是多多益善。世界卫生组织建议婴儿食品暂不用味精;成人每人每天味精摄入量不要超过6克。

　　6. 味精在常温下不易溶解,在70℃~90℃时溶解最好,鲜味最足,超过100℃时味精就被水蒸气挥发,超过130℃时,即变质为焦谷氨酸钠,不但没有鲜味,还会产生毒性。对于炖、烧、煮、熬、蒸的菜肴,不宜过早放味精,要在将出锅时放入。

　　7. 含有碱性的原料中不宜使用味精,因为味精遇碱会化合成谷氨酸二钠,会产生氨水臭味。

酒的使用

烹调中，经常会用到一些酒，这是因为酒能解腥提香的缘故。要使酒起到解腥提香的作用，关键要让酒得以发挥。因此，要注意以下几点：

1. 烹调中最合理的用酒时间，应该是在整个烧菜过程中锅内温度最高的时候。比如煸炒肉丝，酒应当在煸炒刚完毕的时候放；又如红烧鱼，必须在鱼煎制完成后立即烹酒；再如炒虾仁，虾仁滑熟后，酒要先于其他作料入锅。绝大部分的炒菜、爆菜、烧菜，酒一喷入，立即爆出响声，并随之冒出一股水汽，这种用法是正确的。

2. 上浆挂糊时，也要用酒。但用酒不能多，否则就挥发不尽。

3. 用酒要忌溢和忌多，有的人凡菜肴中有荤料，一定放酒。于是"榨菜肉丝汤"之类的菜也放了酒，结果清淡的口味反被酒味所破坏，这是因为放在汤里的酒根本不及挥发的缘故。所以，厨师们在用酒时一般都做到"一要忌溢，二要忌多"。

4. 有的菜肴要强调酒味，例如葡汁鸡翅，选用 10 只鸡翅膀经油炸后，加番茄酱、糖、盐一起焖烧至翅酥，随后加入红葡萄酒，勾芡出锅装盘。这个菜把醇浓的葡萄酒香味作为菜肴最大的特点，既然这样，酒在出锅前放，减少挥发就变成合理了。

5. 用酒来糟醉食品，往往不加热，这样酒味就更浓郁了。

另外，啤酒除用于饮用外，还可用来对菜肴调味。具体方法如下：

1. 炒肉片或肉丝，用淀粉加啤酒调糊挂浆，炒出后格外鲜嫩，味尤佳。

2. 烹制冻肉、排骨等菜肴，先用少量啤酒，腌渍 10 分钟左右，清水冲洗后烹制，可除腥味和异味。

3. 烹制含脂肪较多的肉类、鱼类，加少许啤酒，有助脂肪溶解，产生脂化反应，使菜肴香而不腻。

4. 清蒸鸡肉时，先将鸡肉放入浓度为 20% ~ 25% 的啤酒中腌渍 10 ~ 15 分钟，然后取出蒸熟，格外鲜滑可口。

5. 清蒸腥味较大的鱼类，用啤酒腌渍 10 ~ 15 分钟，熟后不仅腥味大减，而且味道近似螃蟹。

6. 凉拌菜时，先把菜浸在啤酒中，加热烧开后取出冷却，加佐料拌食，别有风味。

勾芡技巧

勾芡，就是在菜肴接近成熟时，将调好的水淀粉淋入锅内使卤汁浓稠，让菜肴更加湿滑有汁，看上去更加诱人食欲。勾芡是否适当，对菜肴的品质影响很大。因此，想要让菜肴更加美味诱人，还需要掌握一定的勾芡技巧！

掌握芡汁浓度

芡汁的浓稀应根据菜肴的烹法、质量要求和风味而定。

浓芡，芡汁浓稠，可将主料、辅料及调料、汤汁黏合起来把原料裹住，食用后盘底不留汁液，浓芡适用于扒、爆菜时使用。

糊芡，此芡汁能使菜肴汤汁成为薄糊状，目的是将汤菜融合，口味柔滑，糊芡适用于烩菜和调汤制羹。

流芡，呈流体状，能使部分芡汁黏结在原料上，一部分粘不住原料，流芡宜于熘菜。

薄芡，芡汁薄稀，仅使汤汁略微变得稠些，不必黏住原料，一些清淡的口味菜肴使用此芡为主。

掌握好勾芡时间

勾芡最好是在食物已经差不多成熟的时候再进行。如果勾芡的时间过早，很可能会造成卤汁在烹饪的过程中出现焦糊的情况；要是时间过晚，就可能会造成菜品受热的时间过长，失去脆、嫩的口感。

勾芡的菜肴用油不能太多

由于油的不溶性和润滑作用，若是用油过多，则造成卤汁很难黏附在食物上，不能达到增鲜、美形的目的。

菜肴汤汁要适当

在勾芡时，菜品的汤汁一定要恰到好处，不可太多也不能够太少，否则会造成芡汁过稠或过稀，从而很大程度上破坏食物的烹饪质量。

勾芡前要将菜肴调制好

在烹饪的过程中，如果要用单纯粉汁进行勾芡，一定要先对菜肴进行调色烹饪，最后再进行勾芡。这样才能够使淋入的淀粉糊十分均匀，确保食物的颜色与味道都不会受到破坏。

专栏——勾芡用的淀粉要注意保存

勾芡一般用淀粉，家里用的淀粉大都是用土豆制成的，也有用绿豆磨制而成的。淀粉吸湿性强，还有吸收异味的特点，因此应注意保管，应防潮、防霉、防异味。一般以室温15℃和湿度低于 70% 的条件下保存为宜。

怎样焯水

　　焯水，就是将初步加工的原料放在开水锅中加热至半熟或全熟，取出以备进一步烹调或调味。它是烹调中特别是冷拌菜不可缺少的一道工序。对菜肴的色、香、味，特别是色起着关键作用。焯水的应用范围较广，大部分蔬菜和带有腥膻气味的肉类原料都需要焯水。焯水的作用有以下几个方面。

　　1. 可以使蔬菜颜色更鲜艳，质地更脆嫩，减轻涩、苦、辣味，还可以杀菌消毒。如菠菜、芹菜、油菜通过焯水变得更加艳绿；苦瓜、萝卜等焯水后可减轻苦味；扁豆中含有的血细胞凝集素，通过焯水可以解除。

　　2. 可以使肉类原料去除血污及腥膻等异味，如牛、羊、猪肉及其内脏焯水后，都可减少异味。

　　3. 可以调整几种不同原料的成熟时间，缩短正式烹调时间。由于原料性质不同，加热成熟的时间也不同，可以通过焯水使几种不同的原料成熟时间一致。如肉片和蔬菜同炒，蔬菜经焯水后达到半熟，那么，炒熟肉片后，加入焯水的蔬菜，很快就可以出锅。如果不经焯水就放在一起烹调，会造成原料生熟不一，软硬不一。

　　4. 便于原料进一步加工操作。有些原料焯水后容易去皮，有些原料焯水后便于进一步加工切制等。

　　焯水的方法主要有两种：一种是开水锅焯水；另一种是冷水锅焯水。开水锅焯水，就是将锅内的水加热至滚开，然后将原料下锅。下锅后及时翻动，时间要短。要讲究色、脆、嫩，不要过火。这种方法多用于植物性原料，如芹菜、菠菜、莴笋等。焯水时要特别注意火候，时间稍长，颜色就会变淡，而且也不脆、嫩。因此放入锅内后，水微开时即可捞出晾凉。不要用冷水冲，以免造成新的污染。

　　冷水锅焯水，是将原料与冷水同时下锅。水要没过原料，然后烧开，目的是使原料成熟，便于进一步加工。土豆、胡萝卜等因体积大，不易成熟，需要煮的时间长一些。有些动物性原料，如白肉、牛百叶、牛肚等，也是冷水下锅加热成熟后，再进一步加工的。有些用于煮汤的动物性原料，也要冷水下锅，在加热过程中使营养物质逐渐溢出，使汤味鲜美，如用热水锅，则会造成蛋白质凝固。

怎样配菜

配菜是根据菜肴品种和各自的质量要求，把经过刀工处理后的两种或两种以上的主料和辅料适当搭配，使之成为一个（或一桌）完整的菜肴原料。配菜的恰当与否，直接关系到菜的色、香、味、形和营养价值，也决定着一桌菜肴能否协调。

量的搭配

配制多种主辅原料的菜肴时，应使主料在数量上占主体地位。例如"肉丝炒蒜苗""肉丝炒韭菜"等时令菜肴，主要是吃蒜苗和韭菜的鲜味，因此，配制时就应使蒜苗和韭菜占主导地位，如果时令已过，此菜就应以肉丝为主。配制无主、辅原料之分的菜肴时，各种原料在数量上应基本相当，互相衬托。例如"熘三样""爆双脆""烩什锦"等，即属这类。

质的搭配

同质相配，即菜肴的主辅料应软软相配（如"鲜蘑豆腐"），脆脆相配（如"油爆双脆"），韧韧相配（如"海带牛肉丝"），嫩嫩相配（如"芙蓉鸡片"）等，这样搭配，能使菜肴生熟一致，口感一致；也就是说，符合烹调要求，各具特色。荤素搭配，即动物性原料配以植物性原料，如"芹菜肉丝""豆腐烧鱼""滑熘里脊"配以适当的瓜片和玉兰片等。这种荤素搭配是中国菜的传统做法，无论从营养学还是食品学看，都有其科学道理。贵多贱少系指高档菜而言。用贵物宜多，用贱物宜少，如"白扒猴头蘑""三丝鱼翅"等，可保持菜肴的高档性。

味的搭配

浓淡相配，即以配料味之清淡衬托主料味之浓厚，例如"三圆扒鸭"（三圆即胡萝卜、青笋、土豆）等。淡淡相配则以清淡取胜，例如"烧双冬"（冬菇、冬笋）""鲜蘑烧豆腐"等。异香相配主要是主料、辅料各具不同特殊香味，使鱼、肉的醇香与某些菜蔬的异样清香融和，便觉别有风味，例如"芹黄炒鱼丝""芫

爆里脊""青蒜炒肉片"等。有些烹饪原料不宜多用杂料，味太浓重者，只宜独用，不可搭配，如鳗、鳖、蟹、鲥鱼等。此外，北京烤鸭、广州烤乳猪等，都是一味独用的菜例。

色的搭配

菜肴主辅料的色彩搭配要求协调、美观、大方，有层次感。色彩搭配的一般原则是配料衬托主料。具体配色的方法有：顺色菜，组成菜的主料与辅料色泽基本一致。此类多为白色，所用调料，也是盐、味精和浅色的料酒、白酱油等。这类保持原料本色的菜肴，色泽嫩白，给人以清爽之感，食之亦利口。鱼翅、鱼骨、鱼肚等都适宜配顺色菜。异色菜，这种将不同颜色的主料辅料搭配一起的菜肴极为普遍。为了突出主料，使菜品色泽层次分明，应使主料与配料的颜色差异明显些，例如：以绿的青笋、黑的木耳配红的肉片炒；用碧色豌豆与玉色虾仁同烹等，色泽效果令人赏心悦目。

形的搭配

这里所说的"形"，是指经刀工处理后的菜肴主、辅原料之形状，其搭配方法有两种。同形配，主辅料的形态、大小等规格保持一致，如"炒三丁""土豆烧牛肉""黄瓜炒肉片"等，分别是丁配丁、块配块、片配片。这样可使成菜产生一种整齐的美感。异形配，主、辅原料的形状不同、大小不一，如"荔枝鱿鱼卷"主料鱿鱼呈筒状蓑衣形，配料荔枝则为圆或半圆形。这类菜在形态上别具一种参差错落的美。

怎样使菜肴增香

为使菜肴"生香"，厨师常用下面四种技法。

借香

原料本身无香味，亦无异味，要烹制出香味，只有借香。如海参、鱿鱼、燕窝等诸多干货，在初加工时，历经油发、水煮、反复漂洗，虽本身营养丰富，但所具有的挥发性香味基质甚微，故均寡而无味。菜肴的香味便只有从其他原料或调味香料中去借。借的方法一般有两种：一是用具有挥发性的辛香料炝锅；二是与禽、肉类（或其鲜汤）共同加热。具体操作时，厨师常将两种方法结合使用，可使香味更加浓郁。

合香

原料本身虽有香味基质，但含量不足或单一，则可与其他原料或调料合烹，此为"合香"。例如，烹制动物性原料，常要加入适量的植物性原料。这样做，不仅在营养互补方面很有益处，而且还可以使各种香味基质在加热过程中融溶、洋溢，散发出更丰富的复合香味。

点香

某些原料在加热过程中，虽有香味产生，但不够"冲"；或根据菜肴的要求，还略有欠缺，此时可加入适当的原料或调味料补缀，谓之"点香"。如烹制菜肴，在出勺之前往往要滴点香油，加些香菜、葱末、姜末、胡椒粉，或在菜肴装盘后撒椒盐、油烹姜丝等，即是运用这些具有挥发性香味的原料或调味品，通过瞬时加热，使其香味基质迅速挥发、溢出，达到既调香、又调味的目的。

提香

通过一定的加热时间，使菜肴原料、调料中的含香基质充分溢出，可最大限度地利用香味素，产生最理想的香味效应，即谓之"提香"。一般速成菜，由于原料和香辛调味的加热时间短，再加上原料托糊、上浆等原因，原料内部的香味素并未充分溢出。而烧、焖、扒、炖、熬等需较长时间加热的菜肴，则为充分利用香味素提供了条件。肉类及部分香辛料，如花椒、大料、丁香、桂皮等调味料的加热时间，应控制在 3 小时以内。因为在这个时间段内，各种香味物质随着加热时间延长而溢出量增加，香味也更加浓郁，但超过 3 小时以后，其呈味、呈香物质的挥发则趋于减弱。所以，菜肴的提香还应视原料和调味料的质与量来决定提香的时间。

怎样挂糊

挂糊是我国烹调中常用的一种技法，行业习惯称"着衣"，即在经过刀工处理的原料表面挂上一层衣一样的粉糊。由于原料在油炸时温度比较高，即粉糊受热后会立即凝成一层保护层，使原料不直接和高温的油接触。这样就可以保持原料内的水分和鲜味，营养成分也会因受保护而不致流失，制作的菜肴就能达到松、嫩、香、脆的目的。挂糊能增加菜肴形与色的美观，增加营养价值。挂糊的种类很多，比较常用的有以下几种。

1. 蛋清糊，也叫蛋白糊。用鸡蛋清和水淀粉调制而成，也有用鸡蛋和面粉、水调制的，还可加入适量的发酵粉助发。制作时蛋清不打发，只要均匀地搅拌在面粉、淀粉中即可，一般适用于软炸，如软炸鱼条、软炸口蘑等。

2. 蛋泡糊，也叫高丽糊或雪衣糊。将鸡蛋清用筷子顺一个方向搅打，打至起泡，筷子在蛋清中直立不倒为止。然后加入干淀粉拌和成糊。用它挂糊制作的菜肴，外观形态饱满，口感外松里嫩。

3. 蛋黄糊，用鸡蛋黄加面粉或淀粉、水拌制而成。制作的菜肴色泽金黄，一般适用于酥炸、炸熘等烹调方法。酥炸后，食品外酥里鲜，食用时蘸调味品即可。

4. 全蛋糊，用整个鸡蛋与面粉或淀粉、水拌制而成。它制作简单，适用于炸制拔丝菜肴，成品金黄色，外酥里嫩。

5. 拍粉拖蛋糊，原料在挂糊前先拍上一层干淀粉或干面粉，然后再挂上一层糊。这是为了解决有些原料含水量或含油脂较多、不易挂糊而采取的方法，如软炸栗子、拔丝苹果、锅贴鱼片等。这样可以使原料挂糊均匀饱满，口感香嫩。

6. 拖蛋糊拍面包粉，先让原料均匀地挂上全蛋糊，然后在挂糊的表面拍上一层面包粉或芝麻、杏仁、松子仁、瓜子仁、花生仁、核桃仁等，如炸猪排、芝麻鱼排等，炸制出的菜肴特别香脆。

7. 水粉糊，就是用淀粉与水拌制而成的，制作简单方便，应用广，多用于干炸、焦、熘、抓炒等烹调方法。制成的菜色金黄、外脆硬、内鲜嫩，如干炸里脊、抓炒鱼块等。

8. 发粉糊，先在面粉和淀粉中加入适量的发酵粉拌匀（面粉与淀粉比例为 7 ∶ 3），然后再加水调制。夏天用冷水，冬天用温水，再用筷子搅到有一个个大小均匀的小泡时为止。使用前在糊中滴几滴酒，以增加光滑度。适用于炸制拔丝菜，因菜里含水量高，用发粉糊炸后糊壳比较硬，不会导致水分外溢影响菜肴质量，外表饱满丰润光滑，色金黄，外脆里嫩。

9. 脆糊，在发粉糊内加入17%的猪油或色拉油拌制而成，一般适用于酥炸、干炸的菜肴。制菜后，具有酥脆、酥香、胀发饱满的特点。

10.发蛋糊，是由蛋白加工而成，既可作菜肴主料的挂糊，又可单独作为主料制作风味菜肴。

制作发蛋糊的技术性比较高，在制作时要掌握以下操作要领。

（1）打蛋的容器要使用汤盆，便于筷子在盆内搅打，容易使蛋糊打发，形成发蛋糊。容器一定要干净，无积水，无油污。

（2）打蛋一定要用新鲜鸡蛋，蛋黄已碎的不能用，打蛋时只用蛋白，蛋黄、蛋白要分清，不能有一点蛋黄掺在蛋白里。

（3）打蛋的方法。一只汤盆内可打五个鸡蛋的蛋白，用两双竹筷握在一起搅打。打时要用力，先快后慢，顺着一个方向搅打，不能乱打。一手拿盆，一手拿筷，站立操作，3～5分钟就可以打成蛋糊，打到发蛋已经形成，用筷子在发蛋糊里一插，筷子能够直立时，说明发蛋糊已经成功。

（4）发蛋糊打成以后，可以根据不同的菜肴加工要求加入不同的调料和辅料。如炸羊尾要在发蛋糊里加入一点干酵粉，又如鸡茸蛋要加入鸡脯末和肥膘末。加入调料和辅料时，不是将蛋糊倒进辅料，而是将调料和辅料加入蛋糊，边加入边搅拌。

（5）配制好的发蛋糊不宜久留，要及时加热成熟。常用的成熟方法有熘、蒸两种。熘时油温不能超过三成，火候要用文火。油温过高时，要及时加入冷油或端离火口。笼蒸成熟方法不易掌握，时间过短，会外熟内生，蒸汽过足，有可能蒸穿。可以用开水先烫一下，初步成形后再用工具造型，然后上笼蒸熟。挂糊虽然是个简单的过程，但实际操作时并不简单，稍有差错，往往会造成"飞浆"，影响菜品的美观和口味。

挂糊时应注意以下问题：首先应把要挂糊的原料上的水分挤干，特别是经过冰冻的原料，挂糊时很容易渗出一部分水而导致脱浆，而且液体的调料也要尽量少放，否则会使浆料上不牢。其次，要注意调味品加入的次序。一般来说，要先放入盐、味精和料酒，再将调料和原料一同使劲拌和，直至原料表面发黏，才可再放入其他调料。先放盐可以使咸味渗透到原料内部，同时使盐和原料中的蛋白质形成"水化层"，可以最大限度地保持原料中的水分少受或几乎不受损失。

怎样淋油

菜肴烹调成熟,在出勺之前,常常要淋一点油,淋油的主要作用如下。

增色

烹制扒三白,成品呈白色,如淋入几滴黄色鸡油,就能衬托出主料的洁白。又如梅花虾饼,淋入适量的番茄油,会使主料的色泽更加鲜红明快。

增香

有些菜肴烹制完成后,淋入适量的调味油,可增加菜肴的香味,如红烧鲈鱼,出锅前要淋入麻油增香。而葱烧海参,出锅前淋入适量的葱油,会使葱香四溢,诱人食欲。

增味

有些菜肴通过淋油,可以突出其特殊风味。如辣子鸡丁,出锅前淋入红油(辣椒油),使成品咸辣适口。红油豆腐,也要淋入红油,否则就会失去风味。

增亮

用熘、爆、扒、烧等方法烹制的菜肴,经勾芡后,淋入适量的调味油,可使菜肴表面的亮度增加,如干烧鱼完成后,将勺内余汁淋上麻油浇于主料上,其亮度犹如镜面一般,可增加菜的美观。

增滑

减少菜肴与炒勺的摩擦,增加润滑,便于大翻勺,使菜不散不碎,保持菜形美观。

淋油时应该注意的问题如下:

1. 一定要在菜肴的芡汁成熟之后再淋油,否则会使菜解芡,色泽发暗,并带有生粉味。

2. 淋油要适量,太多易使芡汁脱落。

3. 淋油要根据菜肴的色泽和口味要求来确定。一般来说,白色、黄色和口味清淡的菜淋入鸡油;红色、黑色菜淋入麻油;辣味的菜要淋入红油。

如何掌握炒菜火候

对于很多人来说，烹调时如何控制火候是一件难事。菜肴的原料多种多样，有老有嫩、有软有硬，烹调方法也不尽相同，火候运用要根据原料质地和烹调方式来确定。常用的火候有以下几种。

旺火

旺火又称为大火、急火或武火，火柱会伸出锅边，火焰高而稳定，火光呈蓝白色，热度逼人；烹煮速度快，可保留材料的新鲜及口感的软嫩，适合生炒、滑炒、爆炒等烹调方法。一般用于旺火烹调的菜肴，质地多以软脆嫩为主。如葱爆羊肉等用旺火烹调能使主料迅速加热，纤维急剧收缩，使肉内的水分不易浸出，吃时口感较嫩。如果火力不足，锅内温度不够高，主料不能及时收缩，就会将主料炒老。如果是素菜，如炒白菜，用旺火不但能留住营养，还能让菜色漂亮，口感更脆嫩。

中火

中火又称文火，火力介于旺火及小火之间，火柱稍伸出锅边，火焰较低且不稳定，火光呈蓝红色，较明亮；一般适合于烹煮酱汁较多的食物时使食物入味，如煎、炸等。比如做红烧鱼等菜时，就免不了炸的程序。许多人以为炸要用大火才能外酥里嫩，其实不然。如果用旺火炸，食材会提前变焦，外焦里生。此外，为了保护原料的营养、减少致癌物的生成，炸的

时候都要给原料挂糊。如果用大火，这层糊就更容易焦；如果用小火，糊又会脱落。所以，最好的办法是用中火下锅，再逐渐加热。

微火

微火又称小火，适合质地老硬韧的主料，常用于烧、炖、煮、焖、煨等烹调方式。如炖肉、炖排骨时要用小火，且食材块越大，火要越小，这样才能让热量缓慢渗进食材，达到里外都软烂的效果。如果用大火，则会造成表面急剧收缩，不但口感不好，营养也会流失。

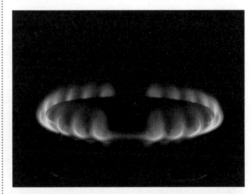

火候是指菜肴烹调过程中所用的火力大小和时间长短。烹调时，一方面要从燃烧烈度鉴别火力的大小，另一方面要根据原料性质掌握成熟时间的长短。两者统一才能使菜肴烹调达到标准。一般来说，火力运用大小要根据原料性质确定，而有些菜则需要根据烹调要求使用两种或两种以上火力，如干烧鱼是先旺火、再中火、后小火烧制。

如何判断炒菜油温

在平常炒、爆、熘菜的过程中，不少家庭主妇都不大重视油温的判断，先入为主地认为只要油冒烟了，就可以直接下材料进行烹煮。殊不知，油温的高低，会直接影响到成菜的色泽和味道。在美食节目中，我们也常听到大厨们说，三成油温时过一下油，等到八成油温时爆炒一下……那么油温到底应该怎么判断呢？

一二成热 —— 没有油烟

油温一二成热时，油面平静、无油烟、无声响，把筷子放入油中没有反应。此时的油温适用于炸制坚果类的食物，如油炸花生米，因为大部分坚果类食材比较爱糊，在使用食用油炒制时，需要有一个从凉油到热油的慢慢升温过程。

三四成热 —— 适合炒肉

油温三四成热时，同样没有油烟及声响，不过油面边缘有轻微的颤动，放入原料时会出现少量气泡及声响。此时的油温适用于肉丝、鸡丝等食材的初步加热，能保持肉的弹性，使口感柔嫩。

五六成热 —— 爆香最佳

油温五六成热时，将手悬停于油面上方 3 寸左右开始有烫的感觉，油面边缘有明显的翻滚迹象，放入原料会出现大量的气泡，且会发出较大的声响。此时的油温适用于葱、姜、蒜等辅助材料的爆香，或肉丝、肉片的过油断生，也是烹入料酒、酱油等调料的时机。

七八成热 —— 爆炒油炸

油温七八成热时，将手悬停于油面上方 3 寸左右已经因为油温很高坚持不住了，油面有大量油烟升腾，表面边缘翻滚，用无水的炒勺搅动时能听到轻微的响声，放入原料时会有轻微爆炸声，并伴有大量气泡。此时的油温适用于爆炒或油炸等需要使食材迅速定型、外焦里嫩的菜肴，如干炸肉、油爆河虾、糖醋里脊等。

此外，掌握好油温，还须根据火力大小、原料性质以及投料的多少来决定：

用旺火加热，原料下锅时油温应低一些，因为旺火可使油温迅速升高。如果火力旺，在油温高时下入原料，极易导致原料黏结、外焦内生。

用中火加热，原料下锅时油温应高一些，因为中火加热，油温上升较慢。如果在火力不旺、油温低的情况下投入原料，则油温会迅速下降，造成原料脱浆、脱糊。

根据投放原料的多少而决定油温，投放原料量大，油温应高一些，因原料本身的温度会使油温下降，投量越大，油温下降的幅度越大，且回升较慢，故应在油温较高时下入原料。反之，原料量较少，下锅时油温可低一些。